Mäder | Astrophysik. 100 Seiten

✳ Reclam 100 Seiten ✳

ALEXANDER MÄDER ist Chefredakteur des Magazins *Bild der Wissenschaft*. Zuvor leitete er das Wissenschaftsressort der *Stuttgarter Zeitung*. Er hat Philosophie, Physik und Psychologie studiert und war von 2009 bis 2011 Vorsitzender des Berufsverbands der Wissenschaftsjournalisten.

Alexander Mäder

Astrophysik. 100 Seiten

Reclam

2. Auflage

2017, 2023 Philipp Reclam jun. Verlag GmbH,
Siemensstraße 32, 71254 Ditzingen
Umschlaggestaltung: Philipp Reclam jun. Verlag GmbH
nach einem Konzept von zero-media.net
Infografiken (S. 22, 60 f., 76 f.): Infographics Group GmbH
Bildnachweis: S. 56: © NASA/JPL-Caltech; S. 81: © NASA /
JPL-Caltech / Malin Space Science Systems; S. 93: © Wikimedia
Commons /NASA
Umschlagmaterial: Creative Print, Schabert
Druck und Bindung: Esser PrintSolutions GmbH,
Untere Sonnenstraße 5, 84030 Ergolding
Printed in Germany 2024
RECLAM ist eine eingetragene Marke
der Philipp Reclam jun. GmbH & Co. KG, Stuttgart
ISBN 978-3-15-020434-4

www.reclam.de

Für mehr Informationen zur 100-Seiten-Reihe:
www.reclam.de/100Seiten

Inhalt

Die Highlights des Universums

Am 14. Januar 2005 habe ich dann doch einmal durch ein Fernrohr geschaut. Ich war in Darmstadt auf dem Gelände des europäischen Satellitenkontrollzentrums und verfolgte dort mit 200 Journalisten eine Sternstunde der Raumfahrt: die Landung auf dem Titan. Als Neil Armstrong und Buzz Aldrin im Juli 1969 als erste Menschen den Mond betraten, war ich noch nicht geboren. Nun stand auch für mich eine Mondlandung an, denn der Titan umkreist den Ringplaneten Saturn, ist damit ein Mond des Planeten und sogar ein gutes Stück größer als der Mond der Erde. Im Unterschied zur Mondlandung 1969 ging es im Januar 2005 wirklich um Entdeckungen – und nicht bloß um ein riskantes Spektakel, das zwar die Menschen bewegte, aber die Wissenschaft kaum voranbrachte.

Der Titan ist von einem dichten, orangefarbenen Dunstschleier umgeben, und unter den sollte die Raumsonde Huygens zumindest kurz blicken. Fünf Minuten würden ihm schon genügen, sagte einer der Forscher. Fünf Minuten Messdaten und Fotos hört sich nach wenig an, wenn man bedenkt, dass auf dem Titan eine unbekannte Welt auf die Wissenschaft wartete. In so kurzer Zeit kann man einen Mond natürlich nicht richtig erfassen. Doch gerade wenn Wissenschaftler bisher nur mutmaßen konnten und tatsächlich nichts zuverlässig wissen, können fünf Minuten die Forschung enorm weiterbringen. Im Anschluss würde man wenigstens einige Anhaltspunkte haben, um weiter nachzudenken.

Astronauten waren für diese Mission nicht nötig. Huygens war unbemannt und hatte beim Start nur ein Fünfzigstel des Gewichts der alten Mondfähre Eagle. Vom Kontrollzentrum in Darmstadt aus hatten die Piloten der europäischen Raumfahrtagentur die Sonde auf den richtigen Kurs gebracht. Sie war zur Mittagszeit an einem Fallschirm gelandet, so viel wusste man schon. Meinen Artikel mit dieser Nachricht hatte ich an die Redaktion geschickt und wartete nun mit den Wissenschaftlern und anderen Journalisten auf die ersten Daten.

Um Luft zu schnappen, ging ich nach draußen in den milden Winterabend. Einige Darmstädter Astronomen hatten am Zaun des Kontrollzentrums ihre Teleskope aufgebaut und auf den Titan gerichtet. Sie ließen mich durchs Objektiv gucken, und ich erkannte einen hellen Punkt neben dem Planeten mit den bekannten Ringen. Den Saturn kann man auch mit dem bloßen Auge sehen, und einer der Astronomen zeigte mir mit einem kräftigen grünen Laserpointer die Stelle am Himmel. Da saß Huygens also nach seiner siebenjährigen Reise durch das Sonnensystem. Wie würde es auf dem Titan wohl aussehen?

Außer bei solchen Ausnahmen habe ich mich nicht dafür interessiert, die Himmelskörper mit eigenen Augen zu sehen. Sich am Himmel auszukennen, die Technik der Teleskope zu beherrschen und am Ende vielleicht sogar schöne Fotos zu machen, wie es Hobbyastronomen können – diese Möglichkeit habe ich schon immer gerne eingetauscht gegen Reisen in Gedanken. Lieber schaue ich mir die künstlerisch angehauchten

Darstellungen ferner Welten an, auch wenn ich weiß, dass die Künstler oft nur spekulieren, denn die meisten dieser Welten werden wir nie besuchen können, weil es die Gesetze der Physik verhindern: Sie sind schlicht und einfach zu weit weg. Doch diese Illustrationen regen meine Phantasie an, und in der Phantasie ist es kinderleicht, in ein anderes Sternensystem oder eine andere Galaxie zu fliegen. Auf eine solche Reise möchte ich Sie in diesem Buch mitnehmen.

Nur eins kann diese Spekulationen noch übertreffen: echte Nahaufnahmen der fernen Welten, wie sie die Raumsonde Huygens liefern sollte. Irgendwann haben es einige Journalisten nicht mehr ausgehalten und den Leiter des Kamerateams der Raumsonde gesucht. Eilig kam er mit einem Laptop unter dem Arm in einen Besprechungsraum, suchte sich einen Beamer und improvisierte eine Pressekonferenz. Er warf ein Bild an die Wand, das Huygens kurz nach seiner Landung aufgenommen hatte. Es zeigte eine weite Ebene mit verstreuten faustgroßen Brocken und sah bei weitem nicht so geheimnisvoll aus wie die künstlerischen Spekulationen. Es hätte das Foto einer irdischen Geröllwüste sein können.

Erst die Erläuterungen des Wissenschaftlers machten es zu etwas Besonderem: Denn die Brocken sind keine Steine, sondern Eisklumpen, und der Boden ist vermutlich mit Erdgas getränkt, das bei ungefähr minus 180 Grad flüssig oder gar gefroren ist. Auch wenn man als Journalist Distanz zu den Dingen wahren muss, über die man berichtet, hat mich dieses Bild berührt: Es zeigte eine ferne, fremde Welt, wie sie wirklich ist.

Natürlich lässt sich der Titan nicht verstehen, wenn man nur Fotos und Messdaten von einem einzigen Landeplatz zu Rate zieht. Man stelle sich vor, eine außerirdische Intelligenz hätte eine Sonde zur Erde geschickt und nach der Landung eine Düne in der Sahara oder das undurchdringliche Dickicht des Amazonas-Regenwalds fotografiert. Oder sie hätte gar ein dunkelblaues Bild empfangen, weil die Sonde ins Meer gestürzt ist. Dann wüssten die Aliens noch nichts über die Vielfalt der Erde. Sie hätten zum Beispiel kein Bild vom ewigen Eis am Nord- und Südpol und keins von unseren Millionenstädten. Aber sie könnten sich ausrechnen, dass es in den polaren Regionen ein gutes Stück kälter sein muss als an ihrem Landeplatz. Und vielleicht hätten sie sogar kurz vor der Landung einige Lichtpunkte auf der Erdoberfläche registriert und könnten aus der Analyse ermitteln, dass es kein natürliches, sondern künstliches Licht ist. So würden sie es zumindest handhaben, wenn sie so wären wie wir: Astronomen müssen im Grunde genommen immer das Beste aus den wenigen Daten machen, die sie herausholen. Aber es ist natürlich möglich, dass die Außerirdischen anders ticken und an uns Menschen gar kein Interesse haben. Vielleicht notieren sie in ihrem galaktischen Katalog für die Erde bloß, was Douglas Adams in seiner Bücherfolge *Per Anhalter durch die Galaxis* vermutete: »Überwiegend harmlos.«

Ein staunender Blick zum Himmel

Weil den Astronomen nur wenige Daten über die Himmelskörper zur Verfügung stehen, müssen sie in ihrer Argumentation manchmal größere Sprünge machen. Sie können ihre Theorien nicht lückenlos aus den Beobachtungen des Himmels herleiten. Das unterscheidet Astronomen und Astrophysiker (die Berufsbezeichnungen sind praktisch identisch) zum

Beispiel von Chemikern und Genetikern, die im Labor experimentieren können. Ein Witz beschreibt diese Unterschiede sehr schön:

Da fahren ein Astronom, ein Ingenieur und ein Mathematiker durch die Lüneburger Heide und sehen aus dem Zugfenster ein schwarzes Schaf. »Guckt mal!« ruft der Astronom. »In der Lüneburger Heide sind die Schafe schwarz.« Der Ingenieur ist vorsichtiger und sagt: »Zumindest einige der Schafe hier scheinen schwarz zu sein.« Da meldet sich der Mathematiker zu Wort: »Meine Herren« – es sind in diesen Fächern leider immer noch meistens Herren –, »wir wissen bisher nur, dass es in der Lüneburger Heide mindestens ein Schaf gibt, das auf mindestens einer Seite schwarz ist.«

Sieht der Titan also auf der anderen Seite ganz anders aus als auf den Bildern, die Huygens zur Erde funkte? Diese Frage wird für viele Jahre unbeantwortet bleiben, denn eine zweite Mission zum Saturn ist nicht geplant. Zum einen sind die Missionen teuer: Die Mission der Landesonde Huygens und des Mutterschiffs Cassini, das seit 2004 den Saturn sowie dessen Ringe und Monde untersucht, hat die US-amerikanische und die europäische Raumfahrtagentur, die NASA und die ESA, knapp drei Milliarden Euro gekostet. Zum anderen gibt es viele andere interessante Ziele: die Kometen zum Beispiel, die uns nur kurz besuchen und dann wieder in der Tiefe des Alls verschwinden, oder den Zwergplaneten Pluto am Rand des Sonnensystems oder den Jupiter-Mond Europa, unter dessen Eiskruste ein Ozean vermutet wird. Und dann gibt es natürlich noch den riesigen Rest des Universums außerhalb unseres Sonnensystems, den wir zwar nicht mit Raumschiffen besuchen, aber den wir immerhin mit leistungsfähigen Teleskopen beobachten können.

Die Bilder von der Oberfläche des Titans haben damals gut eine Stunde zur Bodenstation auf der Erde gebraucht. Der Saturn-Mond war im Januar 2005 also rund eine Lichtstunde von der Erde entfernt. In der Astronomie ist das ein Katzensprung. Der nächste Stern, Alpha Centauri – um genau zu sein, handelt es sich um ein Sternsystem –, ist schon mehr als vier Lichtjahre entfernt. Und das Licht der beeindruckenden Quasare, die wir noch kennenlernen werden, war mehrere Milliarden Jahre zu uns unterwegs. Man kann sich vorstellen, dass Quasare sehr hell sein müssen, wenn wir sie aus dieser großen Entfernung noch sehen können. Und man fragt sich unwillkürlich, ob sie heute noch leuchten, denn man sieht das Licht, das sie vor Milliarden Jahren ausgestrahlt haben. Auf die Ankunft des Lichts, das sie eventuell heute ausstrahlen, werden wir auf der Erde also noch sehr lange warten müssen.

Am besten erkennt man Quasare übrigens mit Radioteleskopen, deren große, weiße Schüsseln nicht das Licht, sondern Radiowellen einsammeln. Vieles im Weltall zeigt sich nämlich nicht im Bereich des sichtbaren Lichts, sondern in anderen Formen der elektromagnetischen Strahlung. Zu dieser Art von Strahlung gehören auch Radiowellen, Infrarot- und Röntgenstrahlen. Deshalb nutzen Astronomen ganz unterschiedliche Instrumente.

Manche Teleskope sitzen auf Bergkuppen in trockenen Regionen, weil der Himmel dort seltener bedeckt ist und das Licht, das die Städte abstrahlen, nicht stört. In der chilenischen Atacama-Wüste, in 3000 Meter Höhe, baut die Europäische

Südsternwarte (ESO) zum Beispiel gerade das Extremely Large Telescope, das 2024 sein erstes Sternenlicht empfangen soll. Im Unterschied zu früheren Observatorien wie dem Very Large Telescope in Chile, bei dem vier Teleskope mit einem Durchmesser von jeweils acht Metern zu einem virtuellen Großgerät zusammengeschaltet wurden, ist man inzwischen in der Lage, ein einzelnes Teleskop mit einem Durchmesser von sagenhaften 39 Metern zu bauen. Andere Observatorien schießt man gleich ins dunkle All, weil die geplanten Messungen nur dort möglich sind – wenn auch teurer und aufwendiger, weil man die Geräte nur unter großen Mühen reparieren kann. Die fliegende Sternwarte SOFIA, ein deutsch-amerikanisches Teleskop in einem umgebauten Jumbojet, bildet da einen Kompromiss: In zwölf Kilometer Höhe beobachten Astronomen an Bord die Sterne; damit lassen sie den größten Teil der Erdatmosphäre unter sich, die das Infrarotlicht aus dem All verschluckt. Allerdings können die Instrumente nach jedem Flug gewartet oder ausgetauscht werden.

Wie sehr das künstliche Licht bei der Beobachtung stört, kann man leicht selbst feststellen. In Städten wird zum Beispiel das leuchtende Band der Milchstraße überstrahlt, das sich über den Himmel zieht. Man sieht in klaren Nächten vielleicht einige Dutzend Sterne und, wenn sich die Augen an die Dunkelheit gewöhnt haben, noch ein paar mehr. Wenn ich im Urlaub wandern gehe, überrascht es mich dagegen immer wieder, wie viele es sein können. Allen Stadtmenschen sei versichert: der ungestörte Blick in den Nachthimmel hat auch für Nicht-Astronomen seinen Reiz! Australien hat einmal mit einem hübschen Slogan dafür geworben, die Hotels der Städte gegen ein Zelt im Outback einzutauschen: »Warum sich mit fünf Sternen begnügen, wenn man eine Million haben kann?«

Die Werbung ist allerdings ein wenig übertrieben, denn selbst wenn es wirklich dunkel ist, sieht man mit dem bloßen Auge nur einige tausend Sterne.

Die sichtbaren Sterne gehören alle zur Milchstraße, unserer Heimatgalaxie. Sie stellen aber nur einen kleinen Ausschnitt aller Sterne dar, denn die Milchstraße beherbergt mehr als 100 Milliarden Sterne. Um sich zu vergegenwärtigen, wie viele das sind, kann man allerlei Vergleiche anstellen. Solche Vergleiche sind naturgemäß vage, geben im besten Fall aber immerhin ein Gefühl für die Größe. Probieren wir es aus: Wäre jeder Stern ein Sandkorn (nehmen wir einmal Feinsand in Form von kleinen Würfeln mit einer Kantenlänge von 0,2 Millimetern), könnte man damit mindestens ein Dutzend Umzugskartons mit einem Volumen von je 70 Litern füllen. Falls es doppelt oder dreimal so viele Sterne sein sollten – so genau weiß man das nicht –, dann sind es eben zwei oder drei Dutzend Kartons.

Und das ist noch nicht alles, es kommt noch ein gedanklicher Schritt hinzu: Es dürfte im Universum mehr als 100 Milliarden Galaxien geben – nach neuesten Schätzungen sogar mehr als eine Billion. Das wäre dann ein Würfel von Umzugskartons, der je neun Kilometer hoch, breit und tief ist. Manchmal muss man dann jedoch auch zugeben, dass die Vergleiche so absurd werden, dass sie am Ende kaum noch etwas vermitteln.

In jedem Fall sollte einen die schiere Menge der Sterne stutzig werden lassen: Warum sieht man so wenige von ihnen? Müssten sie – alle zusammengenommen – den Nachthimmel nicht taghell erleuchten? Vor 200 Jahren hat man vermutet, dass dichte Wolken einen Großteil des Lichts verschlucken. Solche Wolken gibt es tatsächlich, doch sie liefern nicht die Antwort auf die Frage. Wenn das Weltall unendlich viele Sterne enthielte, die schon seit einer Ewigkeit leuchten, dann wäre der Nachthimmel in der Tat ziemlich hell, weil sich die Wolken mit der Zeit aufheizen würden. Schaut man jedoch abends in den Himmel, macht man ganz nebenbei eine wichtige astronomische Beobachtung: dass es nicht so ist. Die Sterne leuchten nur einige Milliarden Jahre, manche sterben schon viel früher, und das Universum ist erst einige Sterngenerationen alt. Das Licht vieler Sterne hat die Erde daher noch gar nicht erreicht, und das Licht mancher Sterne wird es auch nie zu uns schaffen, weil das Universum immer weiter wächst und damit die Abstände zwischen den Sternen und Galaxien immer größer werden. Auch wenn es sehr viele Sterne geben mag, wirken sie in der Weite des Alls daher ziemlich verloren. Das Universum ist wirklich groß, und es ist größtenteils leer oder nur von einem ganz dünnen Gas erfüllt.

Und die Erde erst! Wie verloren ist sie? Mit dieser bangen Frage beginnt für mich die Astronomie. Sie ist nicht zuletzt der Versuch, unseren Platz im Universum zu bestimmen. Für ein solches Interesse spricht, dass anscheinend seit Jahrtausenden Menschen vom Nachthimmel fasziniert sind. Es gibt Archäologen, die in den prähistorischen Malereien in der französischen Höhle von Lascaux Konstellationen am Himmel erkennen. In jedem Fall haben viele spätere Kulturen versucht, Ordnung in den Himmel zu bringen. Sie erstellten auf diese Weise nützliche Kalender – und sie fanden auch einen Platz für den Menschen im kosmischen Gefüge. Heute sehen wir jedoch nicht mehr die Erde im Mittelpunkt des Universums, und ebenso wenig die Sonne. Aber wo stehen wir dann?

Zunächst liefert die Wissenschaft eine technische Antwort, eine Art kosmischer Ortsbestimmung: Die Erde kreist mit einer Geschwindigkeit von 100 000 Kilometern in der Stunde um die Sonne; sie braucht bekanntermaßen ein Jahr für eine

Umrundung. Die Sonne mit ihren acht Planeten und vielen kleineren Asteroiden und Kometen fliegt wiederum mit 800 000 Kilometern in der Stunde um das helle Zentrum der Milchstraße; ein galaktisches Jahr dauert für das Sonnensystem mehr als 200 Millionen Jahre. Unsere Heimatgalaxie ist eine flache Scheibe mit mehreren langen Armen, die in Spiralen nach außen gehen. Das Sonnensystem liegt im Orion-Arm und ist gut 25 000 Lichtjahre vom Zentrum entfernt – auf halber Strecke zum Rand. In der Nähe der Milchstraße befinden sich einige Zwerggalaxien und auch größere Galaxien wie Andromeda. Zusammen bilden sie eine Struktur, die in der Astronomie etwas phantasielos »Lokale Gruppe« genannt wird.

	Strecke in km	Strecke in Lichtjahren
Sonne – Erde	150 000 000	0,000015 (8 Lichtminuten)
Sonne – Rand des Sonnensystems	22 000 000 000	0,002 (20 Lichtstunden)
Sonne – Proxima Centauri (der nächstgelegene Nachbarstern)	40 000 000 000 000	4,2
Durchmesser der Milchstraße	950 000 000 000 000 000	100 000
Erde – Galaxie Andromeda	24 000 000 000 000 000 000	2 500 000
Durchmesser des beobachtbaren Universums	880 000 000 000 000 000 000 000	93 000 000 000

Auch hier ist alles in Bewegung: In drei Milliarden Jahren werden Andromeda und die Milchstraße kollidieren. Weil zwischen den Sternen viel Platz ist, werden kaum Sterne direkt aufeinanderprallen, doch durch ihre Schwerkraft werden sich die beiden Galaxien ganz schön aufmischen. Wenn die Erde dabei nicht in die Leere hinausgeschleudert wird, dürfte man am Himmel ein leuchtendes Spektakel erleben, das sich über einige Milliarden Jahre erstrecken wird, bis sich die beiden Galaxien beruhigt und zu einer größeren vereinigt haben. Doch dann wird unsere Sonne schon so groß und heiß geworden sein, dass man auf der Erde nicht mehr leben kann, und wenig später wird die Sonne ihren Brennstoff verbraucht haben und sich mit einem kräftigen Blitz verabschieden.

Von wegen harmlos!

Was soll man von dieser technischen Ortsbestimmung halten? Manche Leute geben dem Ganzen einen tieferen Sinn und sind überzeugt, dass die Bewegungen am Himmel mit Ereignissen auf der Erde zusammenhängen. Die Konstellation der Sterne am Tag der Geburt soll sogar die Persönlichkeit eines Menschen beeinflussen. Ich wüsste nicht, warum das so sein sollte. Physikalisch haben die Sterne nichts mit der Erde zu tun, wenn man einmal davon absieht, dass uns ein Bruchteil ihres Lichts erreicht. Und die Sterne eines Sternbilds haben auch nicht unbedingt etwas miteinander zu tun: Der eine kann der Erde nahe stehen und der andere weit entfernt sein – und nur von der Erde aus gesehen liegen sie am Nachthimmel nebeneinander. Warum sollten solche zufälligen Perspektiven auf die Sterne reale Vorgänge beeinflussen?

Auf mich machen solche astrologischen Einteilungen des Himmels einen willkürlichen Eindruck. Die Naturwissenschaft bietet spannendere Zusammenhänge: Sauerstoff, Kohlenstoff, Eisen, Phosphor oder Schwefel – also Atome, die das Leben ausmachen – waren zum Beispiel bei der Geburt des Universums noch nicht vorhanden. Sie sind im Inneren von großen Sternen durch Kernverschmelzung entstanden und später im Weltall verteilt worden, als die Sterne in einer Supernova explodierten. Die Eisenatome in meinen roten Blutkörperchen waren also vor langer Zeit einmal in einem Stern. Diese Erkenntnis hilft zwar nicht dabei, meine persönliche Zukunft vorherzusagen, aber solche Prognosen kommen mir ohnehin überzogen vor. Man weiß schon so erschreckend wenig über das Universum und das Leben auf der Erde, etwa über die Myriaden von Bakterien, die im menschlichen Körper wohnen. Woher nehmen Wahrsager da die Gewissheit, das Glück oder Pech eines Menschen ermitteln zu können? Sind die Regeln, nach denen Horoskope erstellt werden, wirklich raffiniert genug, um die Komplexität der Welt zu erfassen?

Verstehen kann ich hingegen das Gefühl der Bedeutungslosigkeit, das einen überfällt, wenn man unseren Blauen Planeten als Sandkorn im schwarzen kosmischen Meer betrachtet. Überall im Universum gibt es Dinge, die größer, heißer und stärker sind als alles auf der Erde. Es gibt zum Beispiel Schwarze Löcher, die alles verschlingen, was ihnen zu nahe kommt, und es gibt Supernova-Explosionen, die ihre galaktische Nachbarschaft für lange Zeit unbewohnbar machen.

Man muss die Stellung der Erde im Universum aber nicht so negativ sehen. Mir liegt eine andere Perspektive näher: Ich verstehe die Erde als etwas Besonderes im Kosmos und sehe auch uns Menschen in der Pflicht, diese Einzigartigkeit möglichst gut zu bewahren. Es gibt zwar viele Planeten im All, aber es kommt sicher nicht oft vor, dass die Bedingungen so gut zusammenpassen wie auf der Erde und sich deshalb ein derartig vielfältiges Leben entwickeln kann.

Es dürfte daher nicht leicht sein, eine zweite Erde zu finden, wenn es mit der ersten schiefgeht. Im Kinofilm *Interstellar* vernichtet der Mehltau weltweit die Ernte und entzieht der Atmosphäre sogar den Sauerstoff. Die NASA prüft deshalb, ob sie die Erde evakuieren und Milliarden Menschen durch ein Wurmloch in eine andere Galaxie bringen könnte.

Das soll tatsächlich die einfachere der beiden Optionen sein! Ich plädiere dafür, lieber den Kampf mit dem Mehltau und allen anderen Umweltgefahren aufzunehmen, denn interstellare Reisen sind ausgesprochen schwierig. Ich habe zwar ein großes Herz für ausgefallene Ideen der Science-Fiction, denn die Natur überrascht uns ebenfalls immer wieder. Und es macht Spaß, sich auszumalen, was man alles mit einem Warp- oder Hyperraumantrieb unternehmen könnte. Aber am Ende handelt Science-Fiction immer auch von uns in der Gegenwart: Sie zeigt, wovon wir träumen und was uns wichtig ist. Vor allem zeigt sie, was in uns steckt. Deshalb wundere ich mich über *Interstellar*, weil der Film die Menschen am Ende ihrer Kräfte sieht. Ohne das Wurmloch, das im Sonnensystem aufgetaucht ist, wären die Menschen im Film verloren.

Der Film *Avatar* blickt sogar noch pessimistischer auf die Menschheit, denn dort gibt es nicht einmal eine Raumfahrtagentur, bei der noch ein paar intelligente Leute arbeiten. Vielmehr fragt sich der Protagonist Jake Sully in seinem Videoblog, was man den intelligenten Lebewesen des Mondes Pandora, den Na'vi, anbieten könne. Ihm fallen nur zwei kulturelle Leistungen der Menschheit ein: Blue Jeans und Dosenbier – und auf die könne man ja getrost verzichten. So negativ muss man die Menschen und die Wissenschaft aber nicht sehen. Ich bin gespannt, ob in den nächsten *Avatar*-Filmen nicht zumindest einige der Na'vi beginnen, mehr über ihre und die anderen Welten erfahren zu wollen. Eine Zivilisation ganz ohne Neugier und Entwicklung wäre doch langweilig! Diese Geschichte wird nur noch getoppt durch Captain Kirk, der 50 Jahre nach dem Start der TV-Serie im Film *Beyond* erklärt, ihn öde das ganze Forschen an.

Für dieses Buch sollten Sie daher ein wenig Phantasie mitbringen. Ich will mit Ihnen durch den Kosmos reisen, und unser Ziel ist dabei die Erde. Wir beginnen an dem Punkt, der am weitesten von uns entfernt ist, und zoomen uns an uns selbst heran. Das wird damit nicht nur eine Reise durch den Raum, sondern auch eine Reise durch die Zeit: von der ersten Sekunde bis zur Gegenwart. Sie benötigen keine astronomischen Vorkenntnisse und schon gar kein Teleskop, aber Sie sollten sich nicht von sehr großen und sehr kleinen Zahlen einschüchtern lassen. Sind Sie bereit? Auf geht's!

Die Quellen des Buchs

Ein guter Teil dieses Buchs stützt sich auf Recherchen aus meiner Zeit als Redakteur der *Berliner Zeitung* und der *Stuttgarter Zeitung*. Viele Wissenschaftler, vor allem des Deutschen Zentrums für Luft- und Raumfahrt (DLR) und der Europäischen Raumfahrtagentur (ESA), haben mir Fragen beantwortet. Hervorheben möchte ich zudem die lebendige Gemeinschaft der Astronomie-Blogger, die astronomische Entdeckungen kommentieren und im Lauf der Jahre viele Fragen beantwortet haben. In der Recherche für dieses Buch haben mich Wissenschaftler und Mitarbeiter des Heidelberger Instituts für Theoretische Studien (HITS) und des Hauses der Astronomie in Heidelberg unterstützt. Ihnen allen möchte ich herzlich danken. Widmen möchte ich das Buch meinem Vater Hans Friedrich, der in meiner Kindheit und Jugend Radioteleskope gebaut hat, und meiner Mutter Dalva Lúcia, die Sprachen immer interessanter fand als Physik. Mit meinen Interessen stehe ich wohl zwischen ihnen.

Der Knall im Urknall

Gehen wir in Gedanken zum Anfang von Raum und Zeit, reisen wir ausgesprochen weit in die Vergangenheit zurück: 13,8 Milliarden Jahre. Damals entstand das Universum mit dem Urknall, wie man heute sagt. Dass es so war, lehren uns die Astronomen. Sie vergleichen ihre Arbeit mit der von Archäologen, die Werkzeuge oder Stadtmauern ausgraben und anhand solcher Hinterlassenschaften rekonstruieren, wie unsere Vorfahren gelebt haben. Astronomen interessieren sich dafür, wie das Universum aufgebaut ist – und wie es zu dem wurde, was es ist. Sie untersuchen zu diesem Zweck das Licht, das Sterne hinterlassen, und schließen daraus, wie das Universum früher aussah. Während Archäologen alte Gegenstände ausgraben, die im Laufe der Jahrtausende von Sand und Steinen überdeckt worden sind, schauen Astronomen mit Teleskopen ins All und sehen Licht, das vor Millionen oder gar Milliarden Jahren ausgestrahlt worden ist. Je tiefer Astronomen ins All blicken, umso älter ist das, was sie sehen. Das liegt an der Geschwindigkeit des Lichts: Es ist zwar schnell und umrundet die Erde in einer Sekunde gleich sieben Mal, aber es ist nicht unendlich schnell.

Diese Erkenntnis über Lichtgeschwindigkeit klingt harmlos, aber sie hat gravierende Konsequenzen. In unserem Alltag spielt das kaum eine Rolle. Ein TV-Signal benötigt zwar eine Viertelsekunde von einer Bodenstation über den Satelliten in 36 000 Kilometer Höhe zur anderen Bodenstation. Doch es sind die unterschiedlich schnell arbeitenden Computer, die dafür sorgen, dass das Tor der Nationalmannschaft beim Nachbarn manchmal früher fällt als auf dem eigenen Bildschirm. Aber in den Weiten des Weltalls macht es sich bemerkbar, dass die Lichtgeschwindigkeit begrenzt ist, denn um die kosmischen Distanzen zu überbrücken, braucht das Licht sehr viel Zeit. Beobachtet man also eine Galaxie, sieht man sie daher nicht so, wie sie ist, sondern so, wie sie einmal war. Und eine Supernova-Explosion, die plötzlich ihre Heimatgalaxie überstrahlt, ist kein aktuelles Ereignis, sondern schon lange Vergangenheit. Wir erfahren von solchen Ereignissen so schnell, wie es die Physik erlaubt: mit der Geschwindigkeit des Lichts – aber auch nicht schneller.

Als ich studierte, waren an der Fakultät für Physik T-Shirts populär, auf die ein Verkehrsschild gedruckt war, das ein Tempolimit von einer Milliarde Kilometer in der Stunde anzeigte. »Das ist kein Witz«, stand unter dem Schild. »Das ist ein Gesetz.« Schneller als 300 000 Kilometer in der Sekunde oder eben eine Milliarde Kilometer in der Stunde können weder Raumschiffe noch winzige Materieteilchen durchs All schießen. Physiker kürzen die Lichtgeschwindigkeit mit einem kleinen »c« ab. Wenn Licht nicht den leeren Raum durchquert, sondern etwa Glas oder Wasser, dann wird es etwas langsamer. Aber im All ist die Lichtgeschwindigkeit immer gleich.

Der Physiker Albert Einstein hat diese Aussage wörtlich genommen, als er 1905 den ersten Teil seiner Relativitätstheorie formulierte und die Konstanz der Lichtgeschwindigkeit zu einem ihrer Grundpfeiler machte.

Dass die Lichtgeschwindigkeit immer gleich ist, kann man sich an einem Raumschiff verdeutlichen, das bereits auf halbe Lichtgeschwindigkeit beschleunigt hat. Was geschieht, wenn es seine Scheinwerfer anschaltet? Verlässt das Licht dann die Scheinwerfer mit anderthalbfacher Lichtgeschwindigkeit? Nein, sagt Einstein, so darf man die Geschwindigkeiten nicht addieren. Das Licht verlässt die Scheinwerfer mit Lichtgeschwindigkeit. Weil Einstein an diesem Punkt festhielt, musste er viele andere vermeintliche Gewissheiten aufgeben und wurde am Ende dadurch belohnt, dass alles gut zusammenpasst: Für den Piloten des Raumschiffs vergeht die Zeit langsamer als für einen Beobachter, der die Szene von einem Planeten aus mit einem Fernrohr verfolgt. Wenn der Beobachter ins Innere des Raumschiffs blicken könnte, würde es ihm vorkommen, als laufe das Leben dort in Zeitlupe ab. Wenn er aber die Geschwindigkeit des Scheinwerferlichts misst, dann kommt er nicht auf die anderthalbfache Lichtgeschwindigkeit, sondern genau auf c. Der Pilot merkt von der Zeitlupe hingegen nichts – für ihn verkürzt sich vielmehr die Strecke, die er zurücklegen muss. Auch aus seiner Sicht breitet sich das Scheinwerferlicht daher so schnell aus, wie es für das Licht üblich ist.

Sich an diese Konsequenzen zu gewöhnen, fiel auch Einsteins Kollegen zunächst schwer. So bekam er für die Relativitätstheorie nie den Nobelpreis. Aber ausgezeichnet wurde er trotzdem, denn zwischen Frühjahr und Herbst 1905 klärte Einstein nebenberuflich – er arbeitete damals am Patentamt in einer 48-Stunden-Woche – so viele physikalische Phänomene auf einmal auf, dass es für drei oder vier Nobelpreise gereicht hätte. Und heute ist die Relativitätstheorie durch viele Präzisionsexperimente gut bestätigt. So kann man zum Beispiel messen, dass instabile Teilchen langsamer zerfallen, wenn sie schnell unterwegs sind. Für hoffnungsvolle Raumfahrer ist vor allem eine Konsequenz wichtig: Man kann die Lichtgeschwindigkeit nicht erreichen, weil die Energie, die der Antrieb benötigt, ins Unermessliche steigt.

In der Nähe von Genf, an der Grenze zwischen der Schweiz und Frankreich, bekommt man ein Gefühl von den Energien, um die es hier geht. Dort liegt in einem 27 Kilometer langen Ringtunnel unter der Erde der Teilchenbeschleuniger LHC des Forschungszentrums CERN. Der Beschleuniger bringt Protonen, also kleinste Elementarteilchen, fast auf Lichtgeschwindigkeit. Es fehlen ihnen am Ende gerade einmal zehn Stundenkilometer. Alle Protonen zusammen, die im Ring kreisen, wiegen im Normalzustand 50 Milliardstel Gramm. Aber wenn sie beschleunigt werden, nimmt ihre Masse zu – und das nicht zu knapp. Man sieht das an den Vorkehrungen für den Notfall. Wenn der Teilchenstrahl seine Bahn verlassen sollte und droht, die Geräte zu beschädigen, werden die Protonen sicherheitshalber auf einen mehrere Meter langen und mit Stahl ummantelten Grafitblock geleitet, um sie unschädlich zu machen. Der Block wird dabei einige hundert Grad heiß. Die Energie der superschnellen Protonen entspricht der eines ICE-Zugs, der mit 150 Kilometern in der Stunde auf einen Prellbock stößt. Wie viel Energie, kann man sich nun überlegen, müsste man aufwenden, um ein mehrere Tonnen schweres Raumschiff auf die Geschwindigkeit der Teilchen zu bringen? Zwischen den Größenordnungen von einigen Milliardstel Gramm (für die Protonen) und einigen Tonnen (für das Raumschiff) liegt der Faktor von einer Billiarde. Man bräuchte demnach ungefähr die Energie für den Betrieb von einer Billiarde ICE-Zügen.

Vor einigen Jahren stolperte eine Arbeitsgruppe am CERN jedoch über einen besonderen Befund: Sie hatte Teilchen gemessen, die schneller geflogen waren als das Licht. Es handelte sich um Neutrinos, die gelegentlich als »Geisterteilchen« bezeichnet werden, weil sie Materie durchdringen, ohne langsamer zu werden. Große Mengen Neutrinos waren unterirdisch vom CERN zu einem Detektor im italienischen Bergmassiv Gran Sasso geschickt worden. Dort kamen sie nach einem Flug von 730 Kilometern um etwa 60 Milliardstelsekunden zu früh an, was einer Überschreitung der Lichtgeschwindigkeit um 0,0025 Prozent entspricht. Das ist nicht viel, aber doch entscheidend, weil Einsteins Tempolimit keine Ausnahmen erlaubt. Die Arbeitsgruppe entschloss sich zu einem ungewöhnlichen Schritt und ging mit ihrer Messung an die Öffentlichkeit. Im Herbst 2011 erläuterten die Physiker in einem Seminar, dass sie sich nicht zu helfen wüssten: Die Messung widerspreche zwar allen bisherigen Tests der Relativitätstheorie und sei daher nicht besonders glaubwürdig, aber man habe trotz langer Suche keinen Fehler im Experiment gefunden.

Einige Monate später tauchte der Fehler dann doch auf: Ein Glasfaserkabel war nicht richtig eingesteckt, so dass ein Zeitsignal etwas verzögert im Labor ankam. Wenn man diesen Fehler herausrechnete, flogen die Neutrinos mit Lichtgeschwindigkeit – also so, wie man es erwarten würde. Aus meiner Sicht hat dieser Fall gezeigt, wie gut Wissenschaft funktionieren kann: Man geht gemeinsam einem überraschenden Ergebnis auf den Grund und wirft eine etablierte Theorie wie die von

Einstein nicht ohne Not über Bord. Doch einigen Physikern war die öffentliche Diskussion über den Messfehler unangenehm, und es gab intern einige Kritik am Vorgehen des Teams. Am Ende trat der Sprecher der Arbeitsgruppe zurück, damit wieder Ruhe einkehren konnte.

Überlassen wir also die Lichtgeschwindigkeit fürs Erste dem Licht und allen anderen Wellen des elektromagnetischen Spektrums, etwa den Radiowellen und den Röntgenstrahlen. Alle diese Strahlen legen in einer Stunde eine Milliarde Kilometer zurück und in einem Jahr 9,5 Billionen Kilometer. Diese Entfernung wird daher »ein Lichtjahr« genannt.

Innerhalb des Sonnensystems macht diese Einheit noch keinen Sinn. Hier spricht man von Lichtminuten; das Licht der Sonne braucht zum Beispiel acht Minuten zur Erde. Aber schon das nächstgelegene Sternsystem Alpha Centauri ist vier Lichtjahre entfernt. Die Milchstraße, unsere Heimatgalaxie, ist dann schon 100 000 Lichtjahre im Durchmesser, und bis zur Galaxie Andromeda sind es 2,5 Millionen Lichtjahre weit. Und das bedeutet, dass sie uns heute so am Himmel erscheint, wie sie vor 2,5 Millionen Jahren war.

Doch diese Vorstellung hat einen Haken, und man muss sich noch mit einem weiteren physikalischen Phänomen vertraut machen, nämlich mit der Ausdehnung des Raums. Das Universum ist keine große, stabile Kiste, in der die Sterne und Galaxien schweben. Es verändert sich vielmehr: Es wird immer größer. Wenn man sich vorstellt, die Erde würde sich aufblähen wie ein Luftballon, bekommt man einen ersten Eindruck von der Problematik, die sich daraus ergibt: Die Strecken werden länger. Ein ICE braucht zum Beispiel, wenn alles gut läuft, 134 Minuten von Stuttgart nach Köln. Würde die Erde aber dauernd wachsen, würde sich die Fahrt verlängern, wäh-

Entwicklung des Universums

Das Weltall entstand aus einer punktförmigen Singularität und bläht sich seitdem – sogar mit zunehmender Geschwindigkeit – auf. Nach und nach entstanden erst Atome, dann Sterne und schließlich Galaxien.

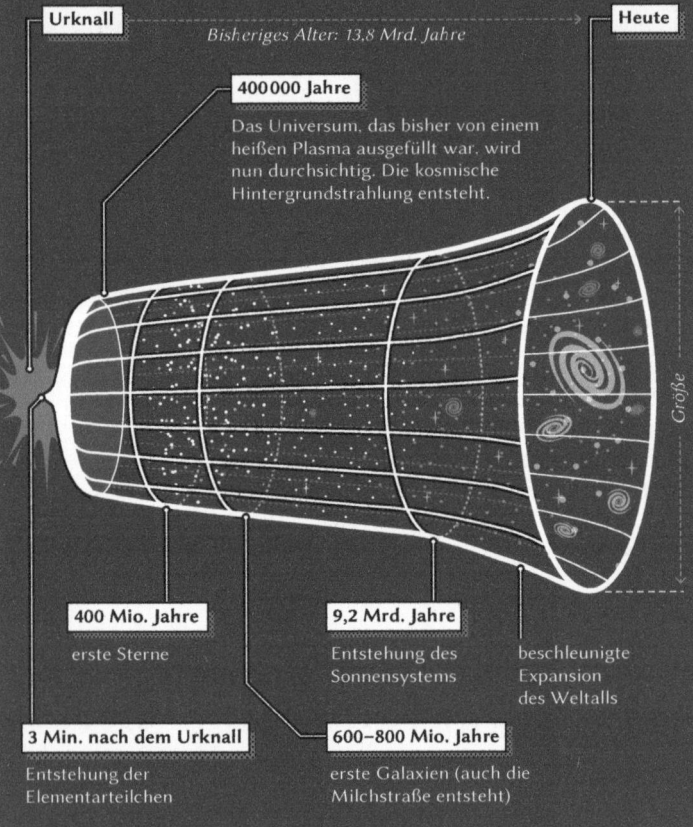

Urknall

Bisheriges Alter: 13,8 Mrd. Jahre

Heute

400 000 Jahre

Das Universum, das bisher von einem heißen Plasma ausgefüllt war, wird nun durchsichtig. Die kosmische Hintergrundstrahlung entsteht.

Größe

400 Mio. Jahre

erste Sterne

9,2 Mrd. Jahre

Entstehung des Sonnensystems

beschleunigte Expansion des Weltalls

3 Min. nach dem Urknall

Entstehung der Elementarteilchen

600–800 Mio. Jahre

erste Galaxien (auch die Milchstraße entsteht)

rend man im Zug sitzt. So geht es auch dem Licht: Während es den Raum in Richtung Erde durchquert, wird die Strecke immer größer, als würde jemand ein Gummiband in die Länge ziehen. Wenn Astronomen also das Licht einer Galaxie registrieren, das vier Milliarden Jahre alt ist, dann ist die Galaxie nicht vier Milliarden Lichtjahre entfernt. Beim Aussenden des Lichts war sie viel näher an der Erde als vier Milliarden Lichtjahre – und sie ist heute viel weiter entfernt, weil sich der Raum in der Zwischenzeit ausgedehnt hat.

Kehrt man diese Entwicklung gedanklich einmal um, dann wird das Universum immer kleiner. Irgendwann vor langer Zeit muss es sehr klein gewesen sein – und alles in ihm entsprechend dicht gedrängt. Zu Beginn war das Universum sogar praktisch nur ein Punkt, was man sich zwar nicht vorstellen, aber immerhin mathematisch beschreiben kann. Dieser Zustand liegt 13,8 Milliarden Jahre zurück, und was damals geschah, bezeichnen wir als Urknall: Der Raum blähte sich explosionsartig auf. Man muss sich aber vor der Vorstellung hüten, dass der Urknall eine Explosion in einem vorher leeren Raum war. Denn mit dem Urknall entstand der Raum überhaupt erst. Zumindest sagt die physikalische Theorie des Urknalls nichts über eine umfassendere Struktur aus, in die das Universum eingebettet wäre.

Der US-Amerikaner Alan Guth und einige seiner Kollegen haben der Theorie des Urknalls mit einer Zusatztheorie noch einen richtigen Rumms mitgegeben: Gleich zu Beginn blähte sich der Raum, so Guths Theorie, nicht nur auf, sondern er tat es sogar in einem unvorstellbaren Tempo. Noch bevor das Universum eine Sekunde alt war, wuchs es auf die Größe einer Grapefruit. Das klingt nach wenig, ist aber ein unvergleichlicher Boom, denn mit einem Schlag vergrößerte sich das Universum damit auf fast das Quadrilliardenfache – eine Quadrilliarde ist eine Zahl mit 27 Stellen. Man kann sich den Vergrößerungsfaktor so verdeutlichen: Wenn die Grapefruit noch einmal so gewachsen wäre wie das Universum zu Beginn, wäre sie im Bruchteil einer Sekunde 100 Millionen Lichtjahre groß geworden – und damit größer als ein Galaxienhaufen, in dem (wie der Name schon sagt) viele Galaxien und damit viele hundert Milliarden Sterne Platz haben.

Die Vermessung des Weltalls

Seit dem Urknall hatte das Licht also 13,8 Milliarden Jahre Zeit, um den Weltraum zu durchfliegen. Weil sich der Raum aber bis heute ausdehnt, ist das Weltall viel größer als zwei Mal 13,8 Milliarden Lichtjahre: Die beste Schätzung liegt bei 93 Milliarden Lichtjahren. Und das ist auch nur der »beobachtbare« Teil, den Astronomen jetzt oder in Zukunft mit Teleskopen untersuchen können. Der Rest des Weltalls liegt hinter dem kosmischen Horizont: Das Licht von dort wird es nie zur Erde schaffen und ist damit schon prinzipiell nicht beobachtbar. Wie und wie weit es hinter dem Horizont weitergeht, können wir nicht erfahren. Ich möchte mich daher auch nicht mit solchen Fragen aufhalten, denn ich finde das beobachtbare Universum spannend genug. Aus demselben Grund möchte ich auch die Frage links liegenlassen, was vor dem Urknall war – also woraus das Universum entstanden ist und ob es noch weitere Universen gibt. Der britische Physiker Stephen Hawking hat den Urknall einmal mit dem Südpol verglichen, von dem aus die Zeit nach Norden voranschreite. Es mache in diesem Bild keinen Sinn zu fragen, was südlicher als der Südpol sei. Aus meiner Sicht ist das nur ein metaphorischer Trick und keine befriedigende Antwort auf die Frage nach dem Davor. Aber ich teile die Skepsis von Hawking: Es ist nicht klar, zu welchem Ziel eine Diskussion über die Zeit vor dem Beginn unserer Zeit führen soll.

Stattdessen frage ich in diesem Kapitel, woher wir überhaupt wissen, dass das Universum immer größer wird und im Umkehrschluss früher einmal sehr klein gewesen sein muss. Diese Frage liegt für mich nahe, denn ich habe Wissenschaftsphilosophie studiert, und in diesem Fach untersucht man unter anderem, wie die Forschung voranschreitet. Heute werfe ich als Journalist weiter einen kritischen Blick auf die Wissenschaft und frage bei wichtigen Erkenntnissen, wie zuverlässig sie sind. An der Theorie des expandierenden Universums haben mehrere Generationen von Astronomen das 20. Jahrhundert hindurch gearbeitet – eine beeindruckende Leistung. Die Forscher mussten dazu immer wieder Sterne vermessen, also ermitteln, wie weit ein Stern von der Erde entfernt ist. Sie mussten vom zweidimensionalen Bild des bestirnten Himmels zu einem dreidimensionalen Bild des Weltraums gelangen. Das ist keine einfache Aufgabe, denn einem leuchtenden Punkt am Himmel sieht man nicht an, wie weit er weg ist. Es könnte ein kleiner Stern in der Nähe sein oder eine Galaxie, Millionen Lichtjahre entfernt. Zum Glück gibt es brauchbare Methoden für astronomische Vermessungsingenieure.

Anfang des 20. Jahrhunderts hatten Astronomen noch keine Vorstellung von der Weite des Raums und dachten, dass die Milchstraße die einzige Galaxie im Weltall sei. Weil sie die Entfernungen nicht messen konnten, wussten sie nicht, dass manch ein leuchtender Punkt in Wirklichkeit viel heller ist, als er uns erscheint, weil er weit außerhalb der Milchstraße liegt.

Im Alltag ist unser Auge gut darin, Entfernungen abzuschätzen. Wenn ein Kirchturm ein Hochhaus verdeckt, wissen wir zum Beispiel, dass er vor dem Haus steht. Auch Muster wie die Reihen von Rebstöcken auf einem Weinberg geben ein Gefühl für Tiefe: Je enger sie zusammenstehen, umso weiter entfernt müssen sie sein. Und vor allem haben wir zwei Augen, um die Welt aus leicht unterschiedlichen Blickwinkeln wahrzunehmen. Aus diesen Daten setzt das Gehirn ein dreidimensionales Bild der Welt zusammen. Um ein dreidimensionales Bild vom Universum zu gewinnen, müssen Astronomen ähnliche Strategien entwickeln wie das Gehirn.

Eine Strategie liegt nahe: das astronomische Zwei-Augen-Prinzip. Wenn man dieselbe Region des Sternenhimmels im Abstand von sechs Monaten fotografiert, betrachtet man sie aus zwei leicht unterschiedlichen Blickwinkeln, weil die Erde in der Zwischenzeit auf die andere Seite der Sonne gewandert ist – rund 300 Millionen Kilometer von der ersten Fotoposition entfernt. Die Sterne in der unmittelbaren Nachbarschaft des Sonnensystems erscheinen dann ein wenig verschoben, und aus dieser Verschiebung lässt sich ihr Abstand von der Erde berechnen: Je stärker sie sich im Lauf eines halben Jahres verschieben, umso näher sind sie. Doch mit zunehmender Entfernung wird der Effekt immer kleiner – und irgendwann auch zu klein, um ihn noch messen zu können. Die Amerikanerin Henrietta Swan Leavitt, die 1921 im Alter von nur 53 Jahren starb, entdeckte jedoch einen Maßstab, der auch bei größeren kosmischen Entfernungen funktioniert. Sie arbeitete an der Harvard-Universität als »menschlicher Computer«: So wurden die Frauen genannt, die den männlichen Astronomen damals einen guten Teil der Fleißarbeit abnahmen – und das auch noch für ein geringes Gehalt.

Leavitt musterte Bildplatten mit Aufnahmen von pulsierenden Sternen, sogenannten Cepheiden. Alle paar Tage oder Wochen leuchten diese Sterne hell auf und werden dann wieder schwächer. Die Astronomin konzentrierte sich auf die Cepheiden in den beiden Magellanschen Wolken. Die Magellanschen Wolken sind von Südamerika, Südafrika und Australien aus gut zu sehen (der portugiesische Seefahrer Ferdinand Magellan hat sie im 16. Jahrhundert beschrieben). Heute weiß man, dass es sich um zwei kleine Nachbargalaxien der Milchstraße handelt. Leavitt fiel auf, dass die helleren Cepheiden langsamer pulsierten als die schwächeren. Sie entwickelte eine Formel, mit der man aus dem Takt des Aufleuchtens die Helligkeit berechnen konnte. Später untersuchten sie und einige Kollegen weitere Cepheiden, deren Entfernungen schon bekannt waren, und entwickelten schließlich ein Verfahren, um aus dem Takt des Pulsierens die Entfernung abzuleiten: Aus der Frequenz des Aufleuchtens ließ sich die wahre Leuchtkraft des Sterns ermitteln, und der Vergleich mit der gemessenen Helligkeit ergab den Abstand zur Erde – je schwächer ein Stern erschien, umso weiter musste er entfernt sein. Damit war der Weg frei, die Milchstraße und ihre Umgebung zu vermessen.

Der us-amerikanische Astronom Edwin Hubble, der Namensgeber des Hubble-Weltraumteleskops, entdeckte einige Jahre später einen zusätzlichen wichtigen Zusammenhang: Je weiter eine Galaxie von der Milchstraße entfernt ist, umso stärker geht ihr Licht ins Rötliche. Dieser Effekt wird Rotverschiebung genannt, und er ähnelt dem Phänomen der Polizeisirene: Ist der Wagen vorbeigerauscht, verändert sich der Ton. Er wird tiefer, wenn sich die Sirene nicht mehr nähert, sondern entfernt. Beim Licht ferner Galaxien sinkt ebenfalls die Frequenz: Hier wird nicht der Ton tiefer, sondern die Farbe verändert sich, aus blauem Licht wird grünes, aus grünem gelbes und aus gelbem Licht rotes. Es war nicht sofort klar, was Hubbles Messungen bedeuten. Aber mit der Zeit setzte sich eine Erklärung durch: Das Licht weit entfernter Galaxien ist stärker rotverschoben als das von nahen Galaxien, weil sich die Ausdehnung des Raums bei den weit entfernten stärker bemerkbar macht. Die Rotverschiebung hat demnach eine andere Ursache als die veränderte Tonhöhe der Polizeisirene: Die Lichtwellen werden beim Durchqueren des Alls gewissermaßen auseinandergezogen, weil sich der Raum zwischen den Galaxien ausdehnt. Je weiter die Galaxie entfernt ist, umso mehr Raum hat sich gedehnt – und umso deutlicher sinkt die Frequenz. Im Umkehrschluss beweist diese Theorie der Rotverschiebung, dass das Universum vor langer Zeit einmal sehr klein gewesen sein muss.

Keimzellen der ersten Sterne

Später kamen weitere Elemente zur Theorie des Urknalls hinzu: vor allem die Beobachtung, dass das Universum in allen Regionen einigermaßen gleich aufgebaut ist. Das mag einen irdischen Astronomen überraschen, weil man von der Südhalbkugel der Erde zum Beispiel einen ganz anderen Sternenhimmel sieht als in unseren Breiten, etwa die Magellanschen Wolken und das Kreuz des Südens. Aber wenn man mit leistungsfähigen Teleskopen vom Nord- und vom Südpol tief ins All schaut, erkennt man keinen grundsätzlichen Unterschied. Das Weltall ist oberhalb der Erde im Großen und Ganzen so wie unterhalb. Touristen wie wir müssen auf ihrer virtuellen

Reise durch den Kosmos daher nicht die verschiedenen Regionen des Weltalls besuchen, so wie ein Alien-Tourist auf der Erde vielleicht alle Kontinente und die Ozeane bereisen müsste, um alles zu sehen, was die Welt zu bieten hat. In Bezug auf den Kosmos kann man also sagen: hat man eine Ecke gesehen, kennt man sie alle. Das erleichtert uns die Planung unserer virtuellen Reise, denn wir können uns zielstrebig auf die Erde zubewegen, ohne ein Highlight des Universums zu verpassen.

Diese Gleichheit im Kosmos lässt sich damit erklären, dass es am Anfang einen heißen und dichten Materieball gab, der sehr schnell groß wurde und dabei abkühlte. Das führte zunächst dazu, dass das ganze Universum gleichmäßig mit Gas gefüllt war. Nach und nach verdichtete es sich an manchen Stellen, so dass sich Fäden und Klumpen bildeten. Hier entstanden die ersten Sterne und Galaxien (wir werden sie uns in den folgenden zwei Kapiteln noch genauer anschauen). Diese Theorie weist jedoch eine Lücke auf, denn sie erklärt noch nicht, warum sich das Gas an einigen Stellen verdichtete und an anderen nicht. Die große wissenschaftliche Frage bei der Entwicklung des Universums lautet daher: Warum bildete sich überhaupt irgendetwas? Hätte das Gas nicht einfach dünner und dünner werden können, als sich das Universum immer weiter ausdehnte? Es muss Störungen im Gleichgewicht gegeben haben, gewissermaßen Keimzellen für die ersten Sterne.

Man findet diese Keimzellen, wenn man das Fachgebiet der Astronomie mit ihren riesigen Entfernungen verlässt und in die Welt der kleinsten Teilchen eintaucht, das heißt in die Welt der Quanten. Hier gelten sonderbare Gesetze, und man sagt sogar: Wer sich nicht über die Quanten wundere, habe sie bloß noch nicht richtig verstanden. Die Quanteneffekte spielten eine große Rolle, als das Universum noch sehr klein war. In einem Teilchenbeschleuniger wie dem LHC bei Genf kann man für einige Augenblicke das heiße, dichte Gas simulieren, das vor 13,8 Milliarden Jahren das Universum ausfüllte. Im Beschleuniger werden Teilchen in zwei Rohren fast auf Lichtgeschwindigkeit gebracht: ein Paket fliegt im Uhrzeigersinn und ein anderes andersherum. An vier Punkten im 27 Kilometer langen Ringtunnel können sich die Teilchenstrahlen kreuzen, die Teilchenpakete also aufeinanderprallen. Dann steigen für einen Moment Druck und Hitze auf die Werte im jungen Universum, bevor die Teilchen – darunter auch viele, die bei der Kollision neu entstanden sind – auseinanderfliegen. In mächtigen Instrumenten aus Stahl, die einige tausend Tonnen wiegen, werden die Spuren der Trümmer verfolgt. Für diese haushohen Detektoren hat man Kavernen ins Gestein geschlagen, die in ihrer Dimension an Kathedralen erinnern – ein eindrucksvoller Anblick, der noch einmal ein Gefühl für die gewaltigen Energien vermittelt, die im Spiel sind.

In der Welt der Quanten steht nichts still. Die Teilchen sind immer unterwegs, sie entstehen und vergehen. In der Physik spricht man deshalb von Fluktuationen. Diese Phänomene sind natürlich viel zu klein, als dass wir sie im Alltag bemerken würden, haben aber dem Universum ihren Stempel aufgedrückt. Wie konnte das geschehen? – Das lag am Urknall: Weil sich das Universum schlagartig aufblähte, wurden aus den winzigen Fluktuationen plötzlich große Fluktuationen. In manchen Regionen des Alls war das Gas nun etwas dichter als in anderen – nicht einmal ein Prozent dichter, aber dieser kleine Unterschied genügte.

Nun machte sich die Gravitation ans Werk: Die dichteren Regionen hatten eine größere Anziehungskraft und wurden noch dichter, weil Materie aus der Umgebung hinzuströmte. Als die Materie dicht genug war, zündete die erste Kernfusion – und ein Stern war geboren.

Aus dieser Anfangszeit stammt die älteste Strahlung, die Astronomen messen können: die kosmische Hintergrundstrahlung. Diese Strahlung kommt aus allen Richtungen des Alls und ist 13,8 Milliarden Jahre alt. Sie entstand nur knapp 400 000 Jahre nach dem Urknall, als das Universum seine turbulente Kindheit beendete und noch kein Stern leuchtete. Bis dahin hatte ein superheißes Gas, ein Plasma, das Universum ausgefüllt. Lichtstrahlen wurden ständig von den elektrisch geladenen Teilchen abgelenkt und konnten sich nicht ausbreiten. Aber nach 400 000 Jahren hatte sich das Gas auf etwa 3000 Grad abgekühlt, und bei dieser Temperatur bildeten sich die ersten Atome.

Es waren die einfachsten Atome, die es gibt: Ein positiv geladenes Proton fing ein negativ geladenes Elektron ein, das fortan um das Proton kreiste. Als das Gas noch heißer gewesen war, waren die Teilchen immer wieder auseinandergerissen worden, nun war ihre elektrische Bindung jedoch stark genug, um dem zu widerstehen.

Damit kehrte Ordnung ein, und zwischen den Atomen war auf einmal viel Platz. Das Licht konnte nun einigermaßen ungehindert durch den Raum fliegen – und diese Strahlung lässt sich noch heute als kosmische Hintergrundstrahlung messen. Man kann in ihr auch ein Nachglimmen des Urknalls sehen.

Weil sich der Raum in den vergangenen 13,8 Milliarden Jahren ziemlich ausgedehnt hat, sind die Strahlen jedoch kaum noch wiederzuerkennen: Aus ihnen sind Mikrowellen geworden, und sie sind für einen Teil des Rauschens verantwortlich, das man früher auf Fernsehbildschirmen sah, wenn der Sender nicht richtig eingestellt war. Die Hintergrundstrahlung wurde in den 1960er Jahren mit Radioteleskopen entdeckt, und seit Ende der 1980er Jahre haben die drei Satelliten COBE, WMAP und Planck Himmelskarten dieser Strahlung erstellt. Die Karten sind von Mal zu Mal detaillierter geworden und zeigen ein zufälliges Muster kleiner Schwankungen: Es beruht auf mehreren Effekten, aber grob kann man sagen, dass die kühleren Stellen auf die Keimzellen der ersten Sterne und Galaxien hinweisen, weil sich die Teilchen der Strahlung dort erst aus dem Schwerefeld der Materieverdichtungen befreien mussten und dabei Energie verloren.

Die Milchstraße hat sich einige hundert Millionen Jahre nach dem Urknall gebildet, ist also schon 13 Milliarden Jahre alt, und einige ihrer Sterne stammen sogar noch aus dieser Zeit. Versuchen Forscher aber, die Geburt der ersten Sterne und Galaxien am Computer zu simulieren, stoßen sie auf zwei Schwierigkeiten: Zum einen ist die Schwerkraft der Sterne nicht groß genug, um sich gegenseitig anzuziehen und eine Galaxie zu bilden. Zum anderen müssten viel mehr Sterne entstanden sein, als man tatsächlich beobachten kann. Um diese Probleme – und einige ihrer Lösungen – besser zu verstehen, zoomen wir uns an eine Galaxie heran, am besten an unsere eigene, die Milchstraße.

Die Galaxie im Computer

Alles im Universum klumpt sich mit der Zeit zusammen. Das ursprüngliche Wasserstoffgas verdichtete sich nach dem Urknall zu Sternen, die Sterne sammelten sich zu Galaxien, und Galaxien verbanden sich schließlich zu Galaxienhaufen. In allen diesen Fällen ist die Schwerkraft bzw. Gravitation am Werk, eine der Grundkräfte der Physik. Sie ist so einfach, dass schon Kinder wissen, wie sie wirkt, und zugleich so rätselhaft, dass sich Fachleute die Zähne an ihr ausbeißen.

In vielen Science-Fiction-Filmen gibt es Raumschiffe mit einer künstlichen Schwerkraft: Irgendetwas im Boden hält die Besatzung auf ihren Füßen. Doch wie das funktionieren könnte, wird nicht einmal angedeutet. Nach allem, was man heute weiß, gibt es nur einen Weg, um für den Flug durchs All echte Schwerkraft zu erzeugen: Man müsste einen Planeten mitnehmen. Man könnte ihn zwar komprimieren, weil es für die Schwerkraft nur auf die Masse und nicht auf die Größe ankommt. Doch einen Planeten mitzunehmen, macht es praktisch unmöglich, das Raumschiff nennenswert zu beschleunigen. Die Gravitation zu manipulieren ist für Wissenschaftler ebenso aussichtslos, wie die Lichtgeschwindigkeit zu überschreiten.

Es gibt aber zwei Optionen, um die Schwerkraft zu ersetzen: Am häufigsten arbeiten Science-Fiction-Autoren mit
Rotation. In ihren Geschichten drehen sich die Raumschiffe
oder zumindest Teile davon; die Fliehkraft sorgt dafür, dass die
Besatzung am Boden bleibt. Das ist zwar keine Schwerkraft,
weil die Astronauten nach außen gedrückt werden statt nach
innen gezogen, aber Kraft ist Kraft, und die Astronauten spüren letztlich keinen Unterschied. Ist das Raumschiff aber klein
und dreht es sich deshalb schnell, könnte den Astronauten auf

richt farbig dargestellt werden – das ist nur zur Illustration.

4. *Independence Day:* Man traut Hackern ja viel zu. Aber ein Virus, der ein Alien-Computersystem komplett lahmlegt? Haben die keine Virenscanner?

3. *The Core – Der innere Kern:* Ein Schiff dringt zum Erdkern vor, um ihn wieder in Bewegung zu setzen. Es stößt unter anderem auf einen riesigen Hohlraum, den es unter dem großen Druck gar nicht geben dürfte.

2. *Star Wars:* Han Solo landet mit dem Millennium-Falken in einer Höhle, die sich als Rachen eines Riesenreptils entpuppt. Wie das Tier auf dem kleinen, kargen Asteroiden überleben kann, wird nicht erklärt.

1. *Matrix:* Die Maschinen halten uns Menschen in einer virtuellen Realität gefangen und nutzen die Wärme der realen Körper, um Energie zu gewinnen. Ein unprofitables Geschäft, denn um einen Körper am Leben zu halten, braucht man viel mehr Energie.

Dauer schwindlig werden, weil sie sich fühlen würden wie auf einem Karussell.

Eine Alternative dazu wäre, das Raumschiff gleichmäßig zu beschleunigen, damit die Raumfahrer auf den Boden gepresst werden wie ein Formel-1-Pilot in seinen Sitz. Nachdem die halbe Strecke geschafft wäre, könnte man das Raumschiff umdrehen und ebenso konstant wieder abbremsen. Für eine solche Mission müsste man allerdings viel Treibstoff einplanen. Selbst dann, wenn man nur die Hälfte der irdischen Schwerkraft simuliert, müsste man so stark beschleunigen, dass man nach einem Jahr schon die halbe Lichtgeschwindigkeit erreicht hätte.

Um die Schwerkraft wird sich in diesem Kapitel alles drehen. Sie bringt die Dinge zueinander, sofern sie nicht mit Macht auseinanderstreben – unabhängig davon, ob es sich um zwei Staubkörner oder zwei Sterne handelt. Ihre Reichweite ist unendlich, auch wenn ihre Kraft mit wachsender Entfernung deutlich abnimmt. Die Erde zieht daher auch die Astronauten auf der Internationalen Raumstation ISS an. Die Besatzung der Station fühlt sich zwar schwerelos, aber nur, weil sie sich – physikalisch betrachtet – im freien Fall befindet: Die ISS rast auf die Erde zu und bewegt sich zugleich mit einer so großen Geschwindigkeit zur Seite, dass sie die Erde laufend verfehlt. In anderthalb Stunden umrundet die Station auf diese Weise einmal die Erdkugel.

Auch in einem Flugzeug kann man den freien Fall für kurze Zeit erleben. Die Raumfahrtagenturen betreiben Maschinen, die mit vollem Schub steil ansteigen und dann für knapp eine halbe Minute die Triebwerke ausschalten, so dass der Flieger eine Parabelkurve beschreibt: Mit Schwung schießt er weiter aufwärts, aber weil der Schub fehlt, beginnt alles an Bord zu schweben, was nicht festgeschnallt ist. Dann geht das Flugzeug in den Sinkflug über, bis die Piloten den freien Fall abfangen und die Insassen die Schwerkraft wieder zu spüren bekommen. Zwei Dutzend solcher Manöver sind bei einem Parabelflug üblich – das macht nicht jeder Magen mit. Wissenschaftler nutzen solche Flüge für kurze Experimente. Die Band OK Go hat in einem solchen Auf und Ab ein sehenswertes Video zu ihrem Song »Upside Down & Inside Out« gedreht. Die Schwerkraft ist im Flugzeug in zehn Kilometer Höhe jedenfalls ebenso vorhanden wie in der Raumstation ISS, die in etwa 400 Kilometer Höhe ihre Bahnen zieht. Würde ein Astronaut auf einem 400 Kilometer hohen Turm stehen, wäre er dort nur 10 bis 15 Prozent leichter als auf dem Erdboden.

Das dunkle Zeitalter

Es dauert einige Millionen Jahre, bis sich eine Gaswolke so dicht zusammengezogen hat, dass die Atome miteinander verschmelzen und dabei so viel Energie frei wird, dass ein Stern zu leuchten beginnt. Die ersten Sterne benötigten sogar mehr als 100 Millionen Jahre. Die Zeit bis zur ersten Kernfusion wird deshalb auch das »dunkle Zeitalter« des Universums genannt, im Englischen ist das derselbe Begriff, der auch für die historische Epoche des Mittelalters nach dem Ende des Römischen Reichs verwendet wird: »the dark ages«. Was in dieser frühen Zeit des Kosmos geschah, ist naturgemäß schwer zu beobachten, weil noch keine Sterne leuchteten. Immerhin gab das Wasserstoffgas, das das Universum ausfüllte, eine schwache, aber ganz eigene Strahlung ab, die man mit empfindlichen Sensoren messen kann.

In Afrika und Australien entsteht derzeit ein Riesenteleskop, das Square Kilometer Array, das Licht in dieses Dunkel bringen soll. Es handelt sich um einen Verbund aus einigen hundert Radioteleskopen, die so zusammengeschaltet werden, dass sie wie ein riesiges Einzelteleskop arbeiten. Ein solcher Verbund ist eine Herausforderung für die Computertechnik, da sehr große Mengen an Daten verarbeitet werden müssen. Dieser Trend in der modernen Wissenschaft, dass die Forscher die neuen Möglichkeiten schneller Computer nutzen, lässt sich auch in vielen anderen Disziplinen beobachten: In der Hirnforschung versucht man zu verstehen, wie unser Wissen in der Vernetzung von Nervenzellen gespeichert ist. In der Genetik wühlt man sich durch die Abfolge der Genbuchstaben G, A, C und T, auf der Suche nach den Erbanlagen, die Krankheiten hervorrufen oder die einen Menschen gesund bleiben lassen. Und in den Sozialwissenschaften analysiert man, wie Menschen in sozialen Netzwerken aufeinander reagieren – allerdings sind in diesem Fall die Daten meist in der Hand großer IT-Konzerne.

Astronomen haben hingegen keine kommerziellen Interessen und teilen ihre Daten freizügig untereinander. Und das sind nicht wenige: Das Square Kilometer Array wird in einigen Jahren allein so viele Daten produzieren, wie heute über das Internet verschickt werden.

Radioteleskope sehen aus wie große Satellitenschüsseln: Sie sammeln Mikrowellen und reflektieren sie so, dass sie in der Mitte über der Schüssel konzentriert werden. Dort sitzt entweder direkt der Empfänger oder ein weiterer Spiegel, der die konzentrierten Mikrowellen durch eine Öffnung in der Mitte der Schüssel zu den Instrumenten leitet. Je größer die Schüssel, umso mehr Strahlung wird eingefangen – und umso schärfer ist das Bild, das man sich von entfernten Objekten im Weltall machen kann.

In Effelsberg in der Eifel arbeitet seit 1972 eines der größten beweglichen Radioteleskope der Welt: Seine Schüssel hat einen Durchmesser von 100 Metern. Es liegt in einem Tal, um dem Elektrosmog der Moderne möglichst wenig ausgesetzt zu sein. Besucher werden gebeten, ihre Handys auszuschalten. Dafür erleben sie mit etwas Glück, wie schnell und leise sich der weiße Koloss dreht, um ein neues Ziel ins Visier zu nehmen – auch tagsüber. In China nimmt nun das unbewegliche, aber 500 Meter breite Teleskop FAST seine Arbeit auf, und das Square Kilometer Array, das derzeit in Afrika und Australien entsteht, wird zusammen eine Fläche von einem Quadratkilometer ergeben – und damit rund 100 Mal größer sein als das Teleskop in Effelsberg.

Die meisten der frühen Sterne dürften sehr groß gewesen sein. Solche Sterne brennen schnell aus und explodieren dann in einer Supernova, die alles Umliegende im Weltall überstrahlt. Kurz darauf bildeten sich aber schon Sterne, die länger lebten. Auch heute leuchten noch einige von ihnen – auch in unserer Galaxie, der Milchstraße, denn die gibt es schon seit mehr als 13 Milliarden Jahren.

Ihr wollen wir uns in diesem Kapitel nähern. Die Milchstraße gehört zur Sorte der Spiralgalaxien: Sie ist also eine Scheibe mit einem hellen, rotierenden Kern und zieht mehrere lange Arme mit sich, die sich spiralförmig nach außen winden wie die Tonspur einer Schallplatte.

Ein Foto, das diese Struktur zeigt, gibt es nicht, denn wir stecken mit der Erde ja mittendrin. Wir müssten schon eine Sonde einige tausend Lichtjahre weit schießen, damit sie aus der Scheibe der Galaxie heraustreten und sie von oben oder unten fotografieren könnte. Wenn wir von der Erde aus in einer dunklen Nacht außerhalb der Stadt das milchige Band unserer Galaxie am Himmel sehen, dann blicken wir in die leuchtende Scheibe mit ihren mehr als 100 Milliarden Sternen hinein. Das ist so, als blicke man auf die Kante einer Schallplatte: Man sieht dann nicht die ganze Scheibe, sondern nur einen Strich.

Den Astronomen bietet die Milchstraße ein ziemliches Durcheinander: Einige Sterne sind ganz in der Nähe, andere

Tausende Lichtjahre entfernt – und manche sieht man gar nicht, weil sie vom hellen Zentrum der Milchstraße verdeckt werden. Es kostet viel Mühe, genügend Sterne zu vermessen, um die Struktur der Milchstraße erkennen zu können. Zusätzlich untersuchen Wissenschaftler auch Farbe, Helligkeit und weitere Eigenschaften der Sterne, um daraus zum Beispiel ihre Größe und ihr Alter abzuleiten. Für mich wäre diese Puzzlearbeit nichts, aber an meinem Arbeitsplatz hängt eine Zusammenstellung verschiedener Ansichten der Milchstraße: aufgenommen im normalen Licht, im Röntgenlicht, im Infrarotlicht und im Bereich der Mikrowellen. In jedem Bild zeigt sich die Milchstraße anders. Röntgenstrahlung entsteht zum Beispiel, wenn Staub und Gas durch eine starke Kraft angezogen und beschleunigt werden – etwa von einem Schwarzen Loch.

Früher haben Astronomen ihre Beobachtungen von Hand notiert. Der Franzose Charles Messier legte beispielsweise im 18. Jahrhundert einen Katalog mit rund 100 diffusen Objekten an, von denen man heute weiß, dass es sich um Galaxien und leuchtende Gaswolken handelt. Unsere Nachbargalaxie Andromeda trug die Nummer 31 und wird seitdem M31 genannt, mit einem »M« für Messier. Heute durchmustern Observatorien am Boden und im Weltall den Himmel automatisch. Das Teleskop des Sloan Digital Sky Survey in den USA hat zum Beispiel die Bewegungen von einigen hunderttausend Sternen der Milchstraße verfolgt.

Und der europäische Satellit Gaia setzt seit 2014 noch einen drauf und ergänzt und verbessert diese Daten mit der derzeit größten Digitalkamera im All. Er vermisst eine Milliarde Sterne mehrfach, so dass man auch ihre Flugbahnen ermitteln kann. Am Computer werden Astronomen anschließend berechnen, welche Wege die Sterne früher entlanggezogen sind, und untersuchen, wie sich die Milchstraße entwickelt hat. Man weiß zum Beispiel, dass sie in ihrem langen Leben gewachsen ist, indem sie mit ihrer Schwerkraft Zwerggalaxien aus der Umgebung anzog und sie sich schließlich einverleibte. Jeden Tag funkt Gaia 50 Gigabyte an Daten zur Bodenstation.

Noch dunklere Teilchen

Die Bewegungen der Objekte im All lassen sich an leistungsfähigen Computern simulieren. Das Gravitationsgesetz, das der Physiker Isaac Newton im 17. Jahrhundert für die Schwerkraft formulierte, ist nicht kompliziert. Allerdings ist es aufwendig, alles zugleich im Blick zu behalten. Deshalb suchen Astrophysiker nach Wegen, die Rechenarbeit zu vereinfachen. Sie fassen zum Beispiel tausend oder viele tausend Sterne zu einem Objekt zusammen. Eine Galaxie besteht dann in der Computersimulation nur noch aus einigen zehntausend Sternpaketen. Trotzdem benötigen moderne Supercomputer immer noch sehr lange, um zu berechnen, wie sich die Sternenpakete zu Galaxien und die Galaxien zu Galaxienhaufen zusammentun. In einer »Illustris« genannten Simulation beschränkten sich die Forscher zudem auf einen Raumwürfel mit einer Kantenlänge von 350 Millionen Lichtjahren, der am Ende 40 000 Galaxien enthielt. Die Simulation beschäftigte einen Supercomputer dennoch mehrere Monate. Ein durchschnittlicher Desktop-PC des Jahres 2014 hätte dafür sogar 2000 Jahre benötigt.

Die Illustris-Simulation errechnete nicht genau die Galaxien, die wir im Weltraum beobachten, aber eine Struktur, die der Realität relativ ähnlich ist. Das spricht für die Formeln, die der Supercomputer bei seinen Berechnungen verwendet hat. Das Ergebnis beweist zwar nicht, dass die Formeln stimmen und dass sich die Galaxien genau so gebildet haben, wie es die Astronomen vermuten. Denn die Forscher können nicht ausschließen, dass auch eine Simulation mit anderen Formeln ein ähnliches Ergebnis erbracht hätte. Und das ist natürlich ein grundsätzlicher Einwand: Mit Computersimulationen kann man nicht beweisen, dass eine astronomische Theorie stimmt. Dennoch hat diese Methode ihren Nutzen für die Wissenschaft. Die Stärke der Simulationen liegt darin, dass sie die Forscher auf Fehler in der Theorie aufmerksam machen können: Denn wenn die Simulation zu einem anderen Universum geführt hätte als dem, das wir kennen, dann wäre klar gewesen, dass die Formeln falsch sein müssen. In solchen Fällen suchen die Forscher nach zusätzlichen physikalischen Effekten und ergänzen die Simulation. Das gehört zum täglichen Geschäft. Die Astronomen veröffentlichen die Ergebnisse ihrer Simulationen meistens erst dann, wenn sie zufrieden sind und keine großen Unterschiede zum realen Universum mehr erkennen.

Die Simulationen haben also, wenn sie veröffentlicht werden, schon einige Korrekturen hinter sich. In den Formeln, mit denen die Computer rechnen, steckt daher mehr als nur Newtons Gravitationsgesetz. Vor allem eins konnte nicht stimmen, das war den Wissenschaftlern bald klar: Die Schwerkraft der Materie reicht letztlich nicht aus, um Galaxien zu bilden. Die Sterne würden sich nicht stark genug anziehen, wenn sie auf sich allein gestellt wären. Würde man nur die Sterne der Milchstraße im Computer simulieren, würde die Galaxie bald auseinanderfliegen. Es muss also etwas geben, das die Galaxie zusammenhält. Diese Materie bleibt Teleskopen verborgen, weil sie nicht leuchtet, und sie wird in der Astronomie folgerichtig »Dunkle Materie« genannt. Sie macht sich durch ihre Schwerkraft bemerkbar, übt aber ansonsten – soweit man weiß – keinen Einfluss aus. Das klingt nach einer langweiligen Materieform, aber ihr Effekt ist trotzdem gewaltig.

Aus den aktuellen Simulationen lässt sich ableiten, dass die Dunkle Materie fünf- oder sechsmal so massereich sein muss wie die normale Materie. Es ist befremdlich zu wissen, dass wir den größten Teil der Materie im Universum noch nicht verstehen. Das ist, als stünde ein unsichtbarer Elefant im Raum: Man hört ihn trompeten, aber man sieht ihn nicht, sondern kann bloß ermitteln, aus welcher Richtung der Schall kommt. So ähnlich ist es mit der Dunklen Materie: Man kann aus den Bahnen der Sterne ermitteln, wie sie in der Galaxie verteilt sein muss. Die Dunkle Materie hat ungefähr die Gestalt einer Kugel und umfasst die gesamte Milchstraße. Diese Kugel wird »Halo« genannt, und sie wirkt wie ein kosmischer Brutkasten: Unter ihrem Einfluss verdichten sich Gaswolken, um erst Sterne und schließlich eine Galaxie zu bilden.

Die Physiker freuen sich über solche Simulationsergebnisse, weil sie ihnen ein Ziel geben: Sie müssen herausfinden, aus was denn nun die Dunkle Materie besteht. Wenn man noch die »Dunkle Energie« hinzuzählt, kann man sogar sagen, dass die Physik 96 Prozent des Universums nicht versteht, so dass noch viel Arbeit auf die Forscher wartet. Die Dunkle Energie ist das, was das Weltall auseinandertreibt. Diese Energie ist – wie jede Energie – nach der Formel $E = mc^2$ von Albert Einstein auch eine Form von Materie.

Also nur etwa vier Prozent von allem, was es gibt, ist normale Materie und damit prinzipiell erforscht. Aber auch diese vier Prozent setzen sich anders zusammen, als man es erwarten würde: Alle Sterne zusammen kommen nur für etwas mehr als zehn Prozent der normalen Materie auf, also für nur 0,4 Prozent aller Materie und Energie. Der größte Teil der normalen Materie besteht hingegen aus Wasserstoff- und Heliumgas zwischen den Sternen und Galaxien. Das Gas kann man nur aus dem Grund beobachten, weil es ein wenig Strahlung abgibt und manchmal sogar aufleuchtet, wenn es von Sternen angestrahlt wird. Solche oft farbenfrohen Wolken werden auch »planetarische Nebel« genannt und gehören für mich zu den hübschesten Objekten im All. Viele dieser Nebel tragen Tiernamen und sind über Suchmaschinen leicht zu finden: Ich empfehle zum Beispiel den Krebsnebel, den Ameisennebel und vor allem den Katzenaugennebel. Die Formenvielfalt ist beeindruckend: Der Helixnebel sieht zum Beispiel aus wie ein großes Auge, das uns aus der Ferne anschaut.

Leuchtende Fäden

Ergänzen Forscher Computersimulationen, so tun sie das nur zögerlich. In der Wissenschaft gilt ein Prinzip, das auf den mittelalterlichen Philosophen und Theologen Wilhelm von Ockham zurückgeht und als »Ockhams Rasiermesser« bekannt geworden ist: Man verkompliziert eine wissenschaftliche Theorie nicht ohne Not, damit es keinen Wildwuchs gibt. Neuartige Effekte oder gar unbekannte Teilchen akzeptiert man in der Physik also erst dann, wenn es ohne sie überhaupt nicht mehr geht. Alle Schnörkel der Theorie, die nicht wirklich benötigt werden, rasiert man hingegen ab. Das gilt in besonderer Weise für alle jene Effekte, die, wie schon einmal angemerkt, von der Astrologie ins Spiel gebracht werden – etwa wenn Menschen, die im Tierkreiszeichen Krebs geboren sind, als gefühlvoll und launisch beschrieben werden. Aus Sicht eines Physikers gibt es keinen Grund, hier eine Verbindung zu den Sternen zu suchen. Es ist kein Mechanismus bekannt, über den die Sterne in die Entwicklung des Gehirns eingreifen könnten, um die Persönlichkeit zu formen. Die Persönlichkeit ist vielmehr Gegenstand von Neurologie, Psychologie und Soziologie, die längst bessere Theorien zu ihrem Entstehen formuliert haben als die Astrologie, die oft im Ungefähren bleibt.

Bisher verhält sich die Dunkle Materie in den Simulationen recht ruhig. Was für Teilchen das sind, ist jedoch unbekannt. Vielleicht gelingt es mit dem Beschleuniger LHC in Genf oder anderen Instrumenten dieses Typs irgendwann einmal, bei den Protonenkollisionen Teilchen der Dunklen Materie zu erzeugen und zu untersuchen. Darauf hoffen Physiker natürlich, niemand kann jedoch garantieren, dass die Energie der Beschleuniger dafür ausreichen wird. Eine andere Möglichkeit wäre, dass die Dunkle Materie aus Myriaden von Schwarzen Löchern besteht, die sich gleich nach dem Urknall gebildet haben. Bisher gibt es noch keine Belege für diese theoretische Option, aber sie hat den Vorteil, dass sie ohne neuartige Teilchen auskommt, weil die Schwarzen Löcher aus normaler Materie bestehen würden.

Klar ist jedoch, dass die Simulationen nicht perfekt sind, weil die aktuellen Theorien die Entwicklung der Galaxien noch nicht im Detail erfassen. Ein großes Problem liegt darin, dass im Computer mehr Sterne entstehen, als man in der Realität beobachtet. In der Milchstraße hat sich nur ein Fünftel des Gases so verdichtet, dass ein Sonnenfeuer zünden konnte, der Rest schwebt weiter zwischen den Sternen.

Warum haben sich aber aus dem übrigen Gas nicht zusätzliche Sterne gebildet wie in den Simulationen? Irgendeine Kraft muss die Gaswolken wieder auseinandertreiben und so in vielen Fällen die Geburt eines Sterns verhindern. Welche Kraft oder Kräfte das sein könnten, wird derzeit untersucht.

Ein Kandidat sind Supernova-Explosionen, die das Gas in ihrer Umgebung buchstäblich wegpusten. Vielleicht kommt noch ein weiterer Effekt hinzu: die kosmische Strahlung. Das sind elektrisch geladene Teilchen, die auch unsere Sonne ins All schleudert. Bei Supernova-Explosionen ist die kosmische Strahlung natürlich viel stärker und könnte vielleicht das Gas einer Galaxie so durcheinanderwirbeln, dass sich dort weniger Sterne bilden.

Trotz alledem ergeben die Computersimulationen des Weltalls schon heute im Groben die richtige Struktur: In ihnen versammeln sich Galaxien zu Galaxienhaufen, und die Galaxienhaufen wiederum reihen sich auf wie auf einer Perlenkette, die sich durch das Weltall zieht. Diese leuchtenden Ketten oder Fäden gehören zu den größten Strukturen, die man kennt. Einige sind flach, breit und sehr lang wie riesige Bretter. Sie erinnern an die Chinesische Mauer und werden in der Astronomie deshalb auch Mauern genannt. Die Sloan-Mauer, die beim Sloan Digital Sky Survey entdeckt wurde, einem Projekt zur Durchmusterung des Himmels, ist zum Beispiel mehr als eine Milliarde Lichtjahre lang.

Könnte man das ganze Universum auf einen Blick erfassen, so würde man so etwas wie ein dreidimensionales Spinnennetz sehen. Von der Illustris-Simulation findet man im Internet Videos, die diese Struktur anschaulich machen. Die Maschen können 100 Millionen Lichtjahre auseinanderliegen. Es gibt also sehr große Zwischenräume im Weltall. Zoomt man sich in diese Leeren hinein, erscheint ein feineres Netzwerk von Galaxien. Zwischen diesen leuchtenden Fäden gähnen jedoch weite dunkle Räume, die nur von einem sehr dünnen Gas erfüllt sind. Da trifft man hier auf ein Atom und dort hinten erst auf das nächste. Das ist viel weniger als im besten Vakuum, das sich auf der Erde herstellen lässt – aber der Raum ist auch nicht völlig leer. Hier kann man zehn Millionen Lichtjahre weit fliegen, ohne einen Stern zu passieren. Diese große Leere zwischen den Galaxien gehört für mich zu den beeindruckendsten Aspekten des Weltalls, auch wenn ich zugeben muss, dass ich mir den Unterschied zwischen einer zehntausend Lichtjahre großen und einer zehn Millionen Lichtjahre großen Blase im All nicht vorstellen kann.

Die fadenartige Struktur erinnert auch an die Nervenzellen eines riesigen Gehirns. Zahlenmäßig geht der Vergleich ungefähr auf: Es gibt etwa so viele Galaxien wie ein Mensch Nervenzellen im Kopf hat, vielleicht einige mehr. Doch eine Nervenzelle ist im Durchschnitt mit tausend anderen verbunden – im Vergleich zu der Komplexität, die sich daraus ergibt, ist das Weltall dann doch relativ einfach strukturiert.

Spannend wird es jedoch, wenn das Weltall von gewaltigen Blitzen erhellt und in seinen Grundfesten erschüttert wird. Das geschieht immer wieder, und erst durch diese Naturgewalten werden die Elemente erzeugt und die Moleküle gebildet, aus denen sich das Leben auf der Erde entwickeln konnte. Verglichen mit dem Wasserstoff- und Heliumgas oder gar der Dunklen Materie sind diese Atome und Moleküle ausgesprochen selten – sie machen nur 0,03 Prozent aus. Sie sind gewissermaßen das Salz in der kosmischen Suppe. Ihnen wenden wir uns nun zu.

Blitze und Beben

Wenn sich im Universum etwas zusammenbraut, dann kann das viele Millionen Jahre dauern – und trotzdem ist das Spektakel, das sich lange angekündigt hat, schon nach wenigen Sekunden vorbei. Aber keine Sorge: selbst wenn Sie beim Zuschauen eingeschlafen sein sollten, werden Sie das Ereignis nicht verpassen. Bei kosmischen Kollisionen sind gewaltige Energiemengen im Spiel, die man nur mit sehr großen Zahlen beschreiben kann. Dann kann sogar der Weltraum wackeln. Machen Sie sich also auf einige Knaller gefasst!

Eine Rekord-Explosion

Um den Weltraum in Schwingung zu versetzen, sind gehörige Mengen Energie nötig, zum Beispiel die von drei Sonnen zusammen. Um zu verstehen, was das bedeutet, beginnen wir mit einem Beispiel aus unserem Alltag und arbeiten uns an den gigantischen Wert heran: Verbrennt man zehn Gramm Benzin, so reicht die Energie im Prinzip, um ein kleines Auto auf 100 Kilometer in der Stunde zu beschleunigen. Im normalen Leben braucht man natürlich mehr Sprit, weil ein guter Teil der Energie bloß den Motor aufwärmt, durch den Auspuff entweicht oder dabei draufgeht, den Luftwiderstand zu überwinden. Sehen wir aber von den Energieverlusten im Motor ab, bekommen wir einen groben Eindruck davon, wie viel Energie in zehn Gramm Benzin steckt. Es ist die Energie, die zuvor in chemischen Bindungen gespeichert war. Sie wird beim Verbrennen freigesetzt, doch die Atome selbst bleiben erhalten und finden sich anschließend bloß in neuen chemischen Kombinationen wieder. Aus der Perspektive der Physik macht man sich beim Verbrennen daher nur einen Bruchteil der Energie zunutze, die in der Materie steckt.

Würde man die zehn Gramm vollständig in Energie umwandeln, wie es nach Einsteins Formel $E = mc^2$ möglich ist, dann könnte man mit der Energie gleich zwei Milliarden Kleinwagen beschleunigen. Denn die zehn Gramm, das »m« in der Formel, würde man mit der Lichtgeschwindigkeit »c« im Quadrat multiplizieren – und das ergibt einen ziemlich großen Wert. Man kann übrigens nicht nur Materie in Energie verwandeln, sondern auch Energie in Materie: Eine Batterie wird zum Beispiel schwerer, wenn man sie auflädt – allerdings nur um einen sehr kleinen, kaum messbaren Wert. Um Materie vollständig in Energie umzuwandeln, muss man sich einen besonderen Motor ausdenken: Man könnte zum Beispiel fünf Gramm Materie mit fünf Gramm Antimaterie zusammenbringen: Diese beiden Formen würden bei Kontakt vollständig in Energie zerstrahlen.

Nun gehen wir noch einen Schritt weiter und teilen die drei Sonnenmassen, von denen die Rede war, in anderthalb Sonnen Materie und anderthalb Sonnen Antimaterie auf. Das sind jeweils drei Quadrilliarden Tonnen. Wenn diese beiden Sterne komplett zerstrahlen würden, dann würde eine Energiemenge zustande kommen, die zehn Quintilliarden Hiroshima-Bomben entspricht. Oder anders gesagt: eine größere Freisetzung von Energie hat man im Universum noch nicht beobachtet. Bei einer solchen Explosion wackelt das Weltall. Der Raum wird für einen Moment gestaucht und gestreckt und wieder gestaucht und gestreckt. Diese Schwingung des Raums breitet sich anschließend mit Lichtgeschwindigkeit im All aus und lässt sich durch nichts mehr aufhalten.

Diese Wellen werden Gravitationswellen genannt. Als Albert Einstein im November 1915 den zweiten Teil seiner Relativitätstheorie präsentierte, waren sie gewissermaßen schon in der Theorie enthalten. Im Juni 1916 leitete Einstein sie in einem weiteren Fachartikel ab. Er war sich aber sicher, dass man Gravitationswellen nie nachweisen werde, weil ihr Effekt – trotz der gigantischen Energie, die darin steckt – zu schwach sei, um gemessen zu werden. Doch am 14. September 2015, rund 100 Jahre nach der Vorhersage, meldete das Observatorium LIGO aus den USA eine solche Messung. Ein italienischer Forscher am Max-Planck-Institut für Gravitationsphysik in Hannover war der Erste, der die Meldung auf seinem Monitor aufblitzen sah. Fünf Monate später, nachdem sie das Signal gründlich überprüft hatten, luden die Forscher des internationalen Teams zu einer Pressekonferenz und berichteten vom ersten Nachweis der Gravitationswellen.

Die Medien waren vorbereitet, denn schon einige Tage zuvor hatte ein Gerücht die Runde gemacht: »Das ist keine Übung«, hatte man in Blogs und sozialen Netzwerken geraunt. »Diesmal ist es echt.« Diesmal hatten nicht Forscher die Signale selbst eingespeist, um zu prüfen, ob die Fachkollegen sie auch entdecken werden. Solche Tests hatte es schon gegeben, und die vermeintlichen Entdecker hatten sich zu früh gefreut. Aber diesmal haben sie tatsächlich registriert, dass eine Gravitationswelle durch die Erde gerauscht war. Zwei Schwarze Löcher haben sie ausgesandt, als sie miteinander verschmolzen. Sie gaben dabei genau die Menge von Energie ab, die drei Sonnenmassen entspricht.

Um eine Gravitationswelle zu messen, nimmt man im Grunde ein Längenmaß her und prüft, ob es sich für einen Sekundenbruchteil verkürzt oder verlängert. Je länger das Maß, umso größer ist der Effekt der Gravitationswelle – und umso einfacher ist er zu messen. Man nimmt also am besten einen Laserstrahl, den man in zwei gleiche Strahlen aufteilt, die man dann in unterschiedliche Richtungen schickt. Nach einiger Zeit treffen die beiden Strahlen auf einen Spiegel und werden zu ihrem Ursprung zurückgeworfen. Wenn die beiden Spiegel exakt gleich weit entfernt waren, treffen am Ende zwei identische Strahlen aufeinander. Beide Lichtwellen schwingen parallel: Ein Wellenberg des einen Laserstrahls trifft auf einen Wellenberg des anderen, und Wellental trifft auf Wellental. Tatsächlich haben die LIGO-Forscher ihr System so eingerichtet, dass Wellenberg auf Wellental trifft und sich die beiden Laserstrahlen gegenseitig auslöschen. Im Normalfall sollte im Detektor also kein Laserlicht ankommen. Sobald sich aber eine der beiden Strecken verlängert oder verkürzt, verändert sich einer der beiden Laserstrahlen, und das Laserlicht flackert kurz auf. Diese Abweichung ist vergleichsweise gut zu messen – und auf solche Momente warten die Forscher.

Es geht allerdings um Abweichungen, die viel kleiner sind als ein einzelnes Elementarteilchen, und das macht die Messungen so schwierig. Die Anlagen müssen gut von der Umgebung abgekoppelt werden, weil sie sonst zu viele Signale messen: etwa Erdbeben oder auch schon die Vibration des Straßenverkehrs. Ein Messgerät in der Nähe von Hannover, GEO600, könnte sogar die Brandung der Nordsee registrieren. Diese Sensibilität ist auch der Grund dafür, dass die Forscher ihr Ergebnis mehrere Monate überprüfen mussten, um wirklich sicher sein zu können, dass sie eine Gravitationswelle und nichts anderes gemessen haben. Die beiden Arme des LIGO-Observatoriums in den USA sind jeweils vier Kilometer lang. Die Laserstrahlen werden dort 300 Mal hin- und hergeschickt, um die Messung noch empfindlicher zu machen. Gemessen wird also, um wie viel sich eine Strecke von 2400 Kilometern staucht oder streckt, wenn eine Gravitationswelle hindurchgeht.

In den 2030er Jahren will die ESA nun drei Satelliten ins All bringen, die Gravitationswellen über eine Distanz von einer Million Kilometern registrieren. Die Mission wird, seit die NASA als Partner ausgestiegen ist, eLISA genannt. In diesem Fachgebiet brauchen die Wissenschaftler Geduld. LIGO wurde in den 1970er Jahren konzipiert und in den 1990er Jahren in Betrieb genommen. Erst nach 20 Jahren registrierte es die erste Gravitationswelle. Und obwohl sich auf einer Strecke von einer Million Kilometern auch schwächere Gravitationswellen bemerkbar machen dürften, ist nicht sicher, ob die Forscher Glück haben und eine Welle messen werden, bevor der Satellit seinen Geist aufgibt. LIGO zeigt jedoch, dass Präzisionsarbeit belohnt wird: Nur wenige Monate nach der ersten Messung gelang gleich die zweite.

Löcher im Raum

Mit den Gravitationswellen bekommen Astronomen Einblick in eine Welt, die sie ansonsten kaum untersuchen können. Schwarze Löcher sind, wie der Name schon sagt, schwarz und damit eigentlich nicht zu sehen. Außerdem sind sie sehr klein, manchmal nur einige Kilometer groß – also dunkle Stecknadeln in der Weite des Alls. Sie machen sich aber durch ihre Schwerkraft bemerkbar: Aus den Flugbahnen der umliegenden Sterne kann man errechnen, dass diese von einem Schwarzen Loch angezogen werden. Und wenn Materie in ein Schwarzes Loch stürzt, kann sie sich so weit aufheizen, dass sie leuchtet. Aber Gas kann auch aus anderen Gründen leuchten, so dass leuchtendes Gas kein eindeutiger Hinweis auf ein Schwarzes Loch ist. Bestimmte Gravitationswellen aber können nur von diesen seltsamen Objekten stammen und sind daher ein klarer Beleg für ihre Existenz. Und Schwarze Löcher dienen als Labor für Einsteins Relativitätstheorie und deren kosmische Effekte, die man auf der Erde nicht erzeugen kann.

Die Gravitationswellen, die man im September 2015 gemessen hat, zeigen einen Tanz der Schwarzen Löcher vor der Fusion. Erst kreisten sie umeinander und kamen sich dabei näher. Das ist nicht selbstverständlich, denn ein Schwarzes Loch kann das andere gewissermaßen um sich herumschleudern – und danach gehen die beiden wieder getrennte Wege. In diesem Fall dürften sich die Schwarzen Löcher schon einige Zeit, vielleicht einige Millionen Jahre lang umkreist haben. Das mag manche überraschen, die Schwarze Löcher als kosmische Staubsauger gesehen haben, die alles in ihrer Umgebung verschlingen. Doch so sind sie nicht. Würde man die Sonne durch ein Schwarzes Loch gleicher Masse ersetzen, würde die Erde weiter ihre Bahn ziehen. Man muss sich Schwarze Löcher eher als Löcher im Raum vorstellen: Kommt man ihnen zu nahe, fällt man hinein und ist verloren.

Die Gravitationswellen, die das LIGO-Observatorium registrierte, entstanden erst, als sich die beiden Schwarzen Löcher so nahe kamen, dass sie sich mehrmals in der Sekunde umkreisten. Und nach weniger als einer Sekunde war es dann auch schon vorüber, und die beiden Schwarzen Löcher waren miteinander verschmolzen. Aus welchen Regionen die beiden stammen, bleibt dabei ebenso offen wie die Beantwortung der Frage, in welcher Galaxie das Spektakel stattfand. Man weiß ungefähr, aus welcher Richtung die Wellen kamen, und schätzt die Entfernung auf etwa eine Milliarde Lichtjahre. Einige Teleskope, die daraufhin die besagte Himmelsregion ins Visier nahmen, entdeckten aber keine besondere Strahlung: kein Aufleuchten und keinen Röntgenblitz der Kollision. Ansonsten passen die Messungen bisher jedoch gut zu den Theorien über die Schwarzen Löcher.

Auch der Physiker Stephen Hawking, der sich seit den 1960er Jahren mit Schwarzen Löchern beschäftigt, fühlte sich bestätigt. Er hat mathematisch nachgewiesen, dass Schwarze Löcher nicht nur ein Spezialfall der Relativitätstheorie sind, sondern tatsächlich häufig im All vorkommen dürften. Später wies er nach, dass sie im Laufe von Äonen langsam verdampfen, weil sie eine schwache Strahlung abgeben, die heute »Hawking-Strahlung« genannt wird. Hawking dürfte neben Einstein der bekannteste Physiker der Welt sein, und sein Buch *Eine kurze Geschichte der Zeit* hat sich mehr als zehn Millionen Mal verkauft. Ich habe vor einigen Jahren in Berlin einen seiner Vorträge gehört. Der prominente Redner füllte an der Freien Universität gleich drei Hörsäle. Weil Hawking fast vollständig gelähmt ist, hatte er den Vortrag vorher ausgearbeitet und ließ ihn von seinem Sprachcomputer in Häppchen von jeweils zwei oder drei Sätze aufsagen. Hawking steuert den Computer, indem er zwinkert – eine der wenigen Körperbewegungen, zu denen er noch imstande ist. Er wirkt selbst wie ein Schwarzes Loch, weil sich so wenig seines wachen Geistes in der äußeren Mimik widerspiegelt. Aber man meint doch, ein verschmitztes Lächeln zu erkennen.

Von Schwarzen Löchern gibt es zwei Sorten: die normalen, die ungefähr so viel Masse in sich vereinen wie ein Stern, und die superschweren. Ein normales Schwarzes Loch kann nach einer Supernova-Explosion übrig geblieben sein. Es ist vergleichsweise klein, vielleicht einige Kilometer im Durchmesser, und seine Masse ist daher so dicht gedrängt, dass die Schwerkraft in seiner Umgebung sehr stark ist. Weil die Gravitation den Raum krümmt, finden sogar Lichtstrahlen keinen Ausweg mehr. Im Zentrum der Milchstraße hockt hingegen – wie vermutlich im Zentrum vieler Galaxien – ein superschweres Schwarzes Loch, das sich mit der Zeit so viel Materie einverleibt hat, dass es vier Millionen Mal so massereich ist wie die Sonne. Es heißt »Sagittarius A*« und verbirgt sich hinter dichten Staubwolken. Anhand der Bewegungen der Sterne in seiner Nähe kann man berechnen, dass es vermutlich 40 Millionen Kilometer groß ist. Das ist nicht viel: Sagittarius A* würde locker zwischen die Sonne und die Erde passen.

Im Kinofilm *Interstellar* ist ein Schwarzes Loch zu sehen, das mit beratender Unterstützung des Physikers Kip Thorne am Computer erzeugt wurde. Thorne ist einer der ehemaligen Betreiber des Gravitationswellendetektors LIGO und eine Kapazität seines Fachs. Die Astronauten landen im Film auf einem Planeten, der das Schwarze Loch umkreist. Der Planet ist von Wasser bedeckt, aber es gibt kein Leben auf ihm. Zu wenig Chaos, als dass sich Leben bilden könnte, sagt eine Astronautin zur Erklärung. Das Schwarze Loch saugt alle Kometen und Asteroiden auf, so dass kein Brocken mehr auf dem Planeten einschlagen kann. Im letzten Kapitel, wenn unsere Reise an

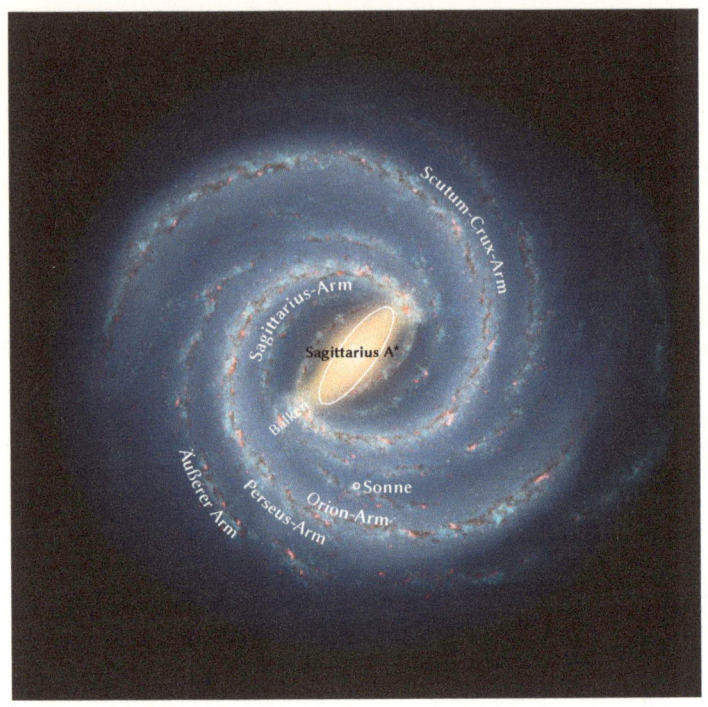

Das Schwarze Loch Sagittarius A* sitzt genau in der Mitte der Milchstraße (einer Balken-Spiral-Galaxie).

der Erde endet, werden wir auf dieses Problem zurückkommen. Die kosmischen Einschläge bringen Tod und Verwüstung, aber sie können das Leben auch einen großen Schritt vorantreiben. Sie könnten die Menschheit auslöschen, aber ohne sie würde es uns Menschen vermutlich nicht geben. Es gibt auch besonders große Schwarze Löcher, die durch die einfallende Materie viel stärker strahlen als eine ganze Galaxie. Sie werden »Quasare« genannt, und wir sehen sie gut aus der Entfernung von vielen Milliarden Lichtjahren. Wären sie ein Stern in unserer Nähe, also nur einige Dutzend Lichtjahre entfernt, könnten sie am Himmel heller leuchten als die Sonne. Die Sonne ist hingegen schon von den äußeren Planeten aus gesehen nur noch ein heller Punkt am Himmel.

Große Schwarze Löcher können an ihren beiden Polen Fontänen ins All schießen, was ein wenig an die Lichtkegel eines Leuchtturms erinnert. Auch über mehrere Milliarden Lichtjahre trifft gelegentlich ein solcher Strahl die Erde und löst in der Atmosphäre eine Kettenreaktion aus, die man vom Boden aus beobachten kann. Eines der Observatorien, die dies beobachten sollen, heißt HESS und steht in Namibia. Es registriert die Lichtblitze, die von der Strahlung und den Teilchen in den höheren Luftschichten erzeugt werden. Bis zum Boden gelangt diese kosmische Strahlung nicht. Wie diese Ausbrüche zustande kommen und wie sie die Entwicklung der Galaxien und Sterne beeinflussen, können Astronomen bisher nicht sagen. Und wenn man sie fragt, was geschehen würde, wenn ein so energiereiches Spektakel in der Nachbarschaft des Sonnensystems stattfindet, bekommt man oft zur Antwort, dass sie sich das noch gar nicht überlegt hätten. Kosmische Fontänen sind zu selten, um im vergleichsweise kurzen Leben eines Menschen eine Rolle zu spielen. Aber einige tausend Lichtjahre sollte man sicherheitshalber schon entfernt sein.

Auch eine Supernova-Explosion würde die Erde hart treffen, wenn sie nur ein paar Dutzend Lichtjahre entfernt wäre. Eine solche Explosion könnte zum Beispiel die Ozonschicht zerstören, die uns vor der UV-Strahlung der Sonne schützt. 50 Lichtjahre, vielleicht sogar 100, sollte der Sicherheitsabstand auch hier betragen. Zum Glück gibt es im Umkreis von 100 Lichtjahren keinen Stern, der kurz vor einer Explosion steht, versichert der Astronom Phil Plait, der in seinem englischsprachigen Blog »Bad Astronomy« regelmäßig über die Gefahren aus dem All schreibt. Plait vermutet in dem System IK Pegasi den nächstgelegenen Kandidaten – und der ist 150 Lichtjahre entfernt. Dort umkreisen sich zwei ungleiche Sterne im Abstand von nur 30 Millionen Kilometern. Den kleineren der beiden hat der deutsche Satellit ROSAT Anfang der 1990er Jahre entdeckt, als er den Himmel nach Röntgenstrahlung durchmusterte. Viele Jahre nach seiner Mission machte ROSAT übrigens ein letztes Mal von sich reden, als er im Oktober 2011 unkontrollierbar abstürzte und allen klar war, dass er nicht vollständig in der Erdatmosphäre verglühen würde. Seine Überreste hätten damals eine Stadt treffen können, fielen aber zum Glück ins Meer, ohne Schaden anzurichten. Solche Abstürze sollte es in Zukunft kaum noch geben, da man seit den 1990er Jahren schon vor dem Start für jeden Satelliten ein sicheres Missionsende ausarbeitet.

Der kleinere der beiden Sterne von IK Pegasi war einmal ein normaler Stern und hat, wie es die Sonne in einigen Milliarden Jahren tun wird, am Ende seines Lebens seine äußere Hülle abgestoßen. Von ihm ist ein Weißer Zwerg übrig geblieben: eine leuchtende Sternenleiche, die etwa so massereich wie die

Sonne, aber so klein wie die Erde ist. Falls Weiße Zwerge neue Materie aufnehmen und die Grenze von 1,44 Sonnenmassen überschreiten, können sie für ein kosmisches Spektakel sorgen und als Supernova die ganze Galaxie überstrahlen. Die dafür notwendigen 1,44 Sonnenmassen werden nach dem Astrophysiker Subrahmanyan Chandrasekhar, einem US-Amerikaner indischer Abstammung, Chandrasekhar-Grenze genannt (er berechnete sie im Alter von 19 Jahren auf einer Schifffahrt von Indien nach England). Im Fall von IK Pegasi wird sich der größere der beiden Sterne in einigen Millionen Jahren zu einem Roten Riesen aufblähen und damit seinem Begleiter noch näher kommen. Dann könnte sich der Weiße Zwerg einen Teil der Materie des Begleiters einverleiben – bis er die Chandrasekhar-Grenze überschreitet und vollständig detoniert.

Bei einer solchen Supernova ist es in wenigen Sekunden um den Stern endgültig geschehen. Das Licht wird noch eine Weile in der Explosionswolke hin- und hergeworfen und verlässt sie erst nach einigen Tagen. Dann leuchtet die Supernova auf. Der Astronom Tycho Brahe hat als Erster am 11. November 1572 eine solche Explosion entdeckt und festgehalten. Er sah damals einen neuen Stern, der nach einem Jahr wieder verschwand und den er auf Lateinisch »stella nova« nannte. Heute erinnert eine farbenfrohe Wolke an die Explosion – und es überlebte auch der Begleiter, von dem der Weiße Zwerg vermutlich die Materie erhalten hatte, die schließlich die Explosion auslöste. Der Begleiter wurde allerdings erst im Jahr 2004 gefunden.

Die Supernova-Explosion eines Weißen Zwergs wird Explosion Typ Ia genannt. In der Milchstraße gibt es im Durchschnitt eine im Jahrhundert, doch viele sind von der Erde aus nicht zu sehen, weil sie sich hinter Staubwolken oder dem hel-

Astronomie und Raumfahrt —

seit Beginn der Neuzeit

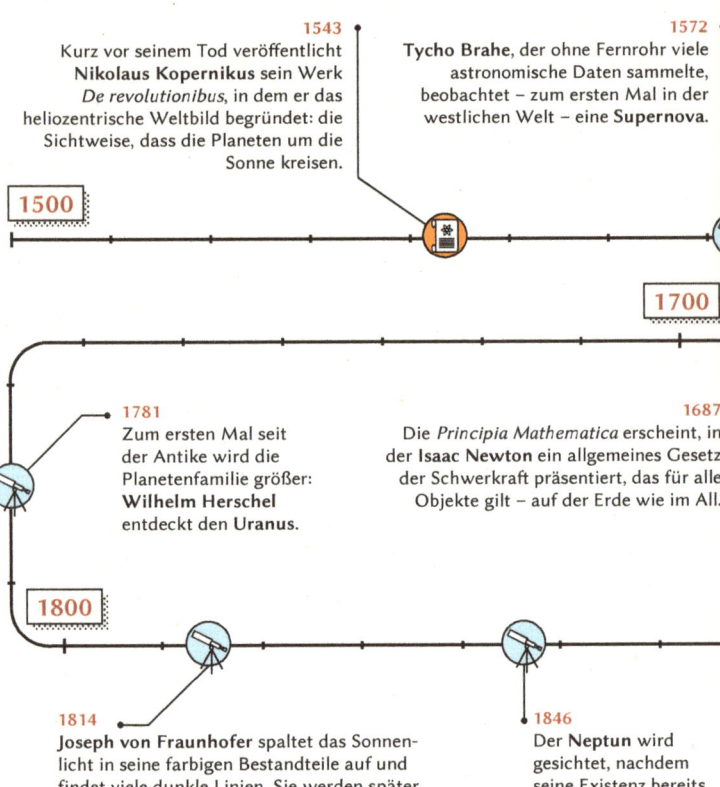

1543
Kurz vor seinem Tod veröffentlicht
Nikolaus Kopernikus sein Werk
De revolutionibus, in dem er das
heliozentrische Weltbild begründet: die
Sichtweise, dass die Planeten um die
Sonne kreisen.

1572
Tycho Brahe, der ohne Fernrohr viele
astronomische Daten sammelte,
beobachtet – zum ersten Mal in der
westlichen Welt – eine **Supernova**.

1500

1700

1781
Zum ersten Mal seit
der Antike wird die
Planetenfamilie größer:
Wilhelm Herschel
entdeckt den **Uranus**.

1687
Die *Principia Mathematica* erscheint, in
der **Isaac Newton** ein allgemeines Gesetz
der Schwerkraft präsentiert, das für alle
Objekte gilt – auf der Erde wie im All.

1800

1814
Joseph von Fraunhofer spaltet das Sonnenlicht in seine farbigen Bestandteile auf und
findet viele dunkle Linien. Sie werden später
dadurch erklärt, dass Atome und Moleküle
das Licht dieser Wellenlängen absorbieren.
Die **Spektralanalyse** wird im Laufe des
19. Jahrhunderts zu einer Säule der Astrophysik.

1846
Der **Neptun** wird
gesichtet, nachdem
seine Existenz bereits
aus Störungen der
Uranus-Bahn mathe-
matisch abgeleitet
worden war.

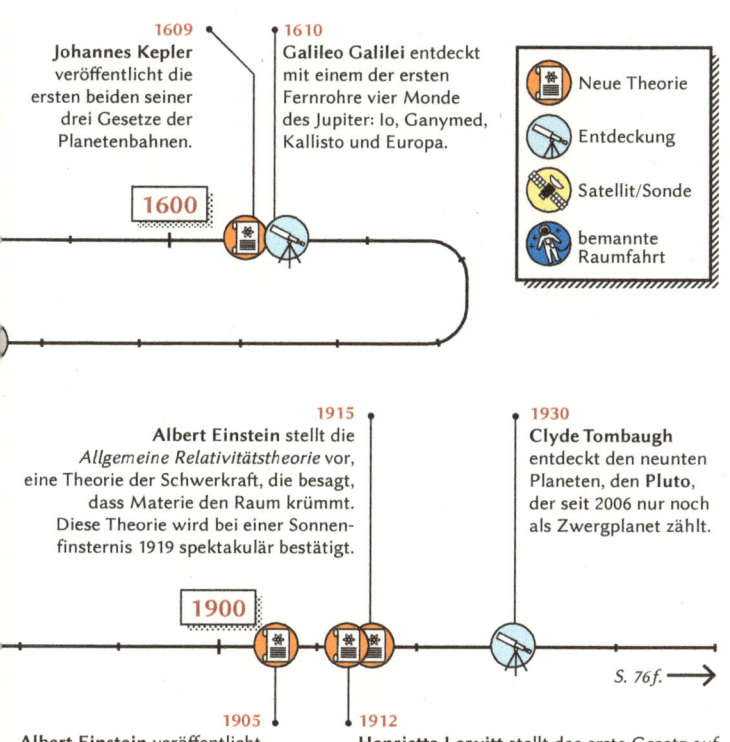

1609
Johannes Kepler veröffentlicht die ersten beiden seiner drei Gesetze der Planetenbahnen.

1610
Galileo Galilei entdeckt mit einem der ersten Fernrohre vier Monde des Jupiter: Io, Ganymed, Kallisto und Europa.

1600

Neue Theorie

Entdeckung

Satellit/Sonde

bemannte Raumfahrt

1915
Albert Einstein stellt die *Allgemeine Relativitätstheorie* vor, eine Theorie der Schwerkraft, die besagt, dass Materie den Raum krümmt. Diese Theorie wird bei einer Sonnenfinsternis 1919 spektakulär bestätigt.

1930
Clyde Tombaugh entdeckt den neunten Planeten, den **Pluto**, der seit 2006 nur noch als Zwergplanet zählt.

1900

S. 76 f. →

1905
Albert Einstein veröffentlicht die *Spezielle Relativitätstheorie*, der zufolge Raum und Zeit relativ sind.

1912
Henrietta Leavitt stellt das erste Gesetz auf, mit dem man die Entfernung vieler Sterne berechnen kann. **Edwin Hubble** ergänzt diese Arbeit, ebenso einige Theoretiker, so dass 1929 feststeht, dass sich das Universum seit vielen Milliarden Jahren ausdehnt. Die Wellenlängen des Sternenlichts verschieben sich dabei ins Rote.

len Zentrum der Milchstraße verbergen. Supernovae, wie der lateinische Plural lautet, vom Typ Ia spielen in der Astronomie eine wichtige Rolle, weil man ihren Ablauf und damit ihre Helligkeit ziemlich gut versteht. Man kann daher aus der Helligkeit, die man misst, auf die Entfernung der Explosion schließen: Je schwächer die Supernova erscheint, umso weiter entfernt muss sie stattgefunden haben.

Ende der 1990er Jahre nutzte ein Team die Daten von rund 50 Supernovae dieses Typs, um die Ausdehnung des Weltalls noch genauer zu vermessen als bisher. Die Forscher entdeckten damals, dass sich die Ausdehnung in jüngster Zeit sogar beschleunigt hat, und erhielten dafür 2011 den Nobelpreis für Physik. Der Australier Brian Schmidt, einer der Physiker aus dem Team, erzählte später auf dem jährlichen Treffen der Nobelpreisträger in Lindau am Bodensee, dass sein Arbeitsvertrag an der Universität schon ausgelaufen war und er sich nach einem neuen Job umschaute, als er die E-Mail mit den ersten Messergebnissen erhielt. Er blieb dann an seiner Universität und verbrachte sechs Wochen damit, nach einem Mess- oder Rechenfehler zu suchen, bevor er das Ergebnis akzeptierte.

Im Jahr 1054, also 500 Jahre vor Tycho Brahe, notierten jedoch schon chinesische Astronomen einen neuen Stern. Damals sahen sie nicht die Detonation eines Weißen Zwergs, sondern die Explosion eines sehr großen Sterns – eine Supernova des Typs II. Wenn ein solcher Stern seinen Brennvorrat aufgebraucht hat, erlischt die Kernfusion in seinem Inneren und seine Hülle stürzt ein, weil sie nicht mehr durch die Strahlung nach außen gedrückt wird. Dabei wird innerhalb einer Sekunde das Zentrum so stark verdichtet, dass es explodiert. Von der Supernova 1054 ist heute eine leuchtende Wolke übrig, die »Krebsnebel« oder auch »Messier 1« genannt wird. Sie hat sich im vergangenen Jahrtausend über mehrere Lichtjahre ausgedehnt. In ihrem Zentrum ist eine kleine, dichte Sternenleiche übrig geblieben. Bei solchen Explosionen können auch Schwarze Löcher entstehen.

In jedem Fall erfüllen Supernovae im Universum eine wichtige Aufgabe: Sie verteilen die Elemente, aus denen dann Planeten wie auch die Erde bestehen. Sie sind also eine entscheidende Voraussetzung dafür, dass sich Leben entwickeln kann, denn dazu sind Elemente nötig, die schwerer sind als die Gase Wasserstoff und Helium, die es im Weltall in großen Mengen gibt. Diese Elemente entstehen durch die Kernfusion im Inneren von Sternen – manche auch erst bei der Supernova selbst – und werden dann durch die Explosion in die Weite des Alls hinausgeschleudert. Wenn sich lange Zeit danach die Explosionswolke einer Supernova mit anderen Gaswolken mischt und sich unter ihrer eigenen Schwerkraft erneut verdichtet, dann entsteht ein neuer Stern, der vielleicht auch von Gesteinsplaneten umkreist wird. Schauen wir uns also den Stern, der uns naturgemäß am meisten bedeutet, genauer an und setzen die Reise in unser Sonnensystem fort.

Sturm und Hagel im Sonnensystem

Es ist ein Zufall, dass die Sonne und der Mond vom Erdboden aus ungefähr gleich groß aussehen. Dieser Zufall macht Sonnenfinsternisse so spektakulär: Der Mond verdeckt zwar die Sonnenscheibe, zeigt jedoch ihren Strahlenkranz, die Korona. Und mitten am Tag sind dann auf einmal die Sterne zu sehen.

Schon bei einer partiellen Sonnenfinsternis, bei der der Mond nur einen Teil der Sonne verdeckt, wird es auf der Erde merklich kühler. Solaranlagen liefern plötzlich weniger Strom, und andere Kraftwerke müssen einspringen. Bei einer totalen Sonnenfinsternis verstummen auch die Tiere. Ich habe das noch nicht erlebt und bin bei der totalen Sonnenfinsternis im August 1999 auch nicht nach Süddeutschland gefahren, um sie zu beobachten. Aber ich habe mit Menschen gesprochen, die auf den Geschmack gekommen sind: Die »Sofi-Jäger« reisen in alle Welt, um ja keine Sonnenfinsternis zu verpassen, und bezahlen bei schlechtem Wetter an die 2000 Euro für einen Spezialflug, um das Spektakel über den Wolken zu beobachten. Die nächste totale Sonnenfinsternis in Süddeutschland wird man erst wieder am 3. September 2081 beobachten können, die nächste in Norddeutschland ist für den 7. Oktober 2135 vorausgesagt. Und der Vollständigkeit halber sei erwähnt, dass der Mond bei manchen Finsternissen zu weit weg ist von der Erde, um die Sonne vollständig zu verdecken. Dann sieht man immer noch einen dünnen, hellen Ring.

Dass es tagsüber plötzlich für einige Minuten dunkel wird, zählt zu den eindrücklichsten Schauspielen, die der Himmel zu bieten hat – und auch die Wissenschaft profitierte in der Vergangenheit davon. Bei einer Sonnenfinsternis im Mai 1919 prüfte der Astronom Arthur Eddington, was Albert Einstein einige Jahre zuvor vorausgesagt hatte: dass die Sonne mit ihrer großen Masse das Licht der Sterne ablenken würde. Sie verzerrt den Raum, wie man in der Physik sagt, und die Lichtstrahlen machen deshalb in ihrer Nähe einen kleinen Bogen. Doch weil die Sonne fast alles am Himmel überstrahlt, mussten Astronomen vor 100 Jahren, weil sie noch keine Weltraumteleskope hatten, auf eine Sonnenfinsternis warten, um Einsteins Behauptung nachzugehen. Erst dann konnten sie messen, ob die Sterne ihre Position am Himmel leicht verändern, wenn die Sonne in ihrer Nähe ist.

Eddingtons Team machte seine Aufnahmen im Norden Brasiliens und auf einer Insel an der Küste Afrikas. Nachdem die Forscher nach England zurückgekehrt waren, vermaßen sie die Bildplatten und verkündeten im November, dass Einstein recht habe. Einige Tage später titelte die *New York Times*: »Lichter am Himmel alle schief«. Und Albert Einstein, der sich unter Fachkollegen längst einen Namen gemacht hatte, wurde mit einem Schlag berühmt.

Heute sind Astronomen nicht mehr auf die seltenen Sonnenfinsternisse angewiesen. Mehrere Satelliten haben die Sonne dauernd im Visier – allein schon, um ihre Eruptionen zu registrieren und rechtzeitig vor den Konsequenzen zu warnen. Denn in der Sonne brodelt es gewaltig. Sie schickt nicht nur Licht ins All, sondern auch einen Strom elektrisch geladener Teilchen, der »Sonnenwind« genannt wird. Manchmal schleudert sie einen Schwall Teilchen zusätzlich hinaus, und aus dem Sonnenwind wird ein Sonnensturm. Das Magnetfeld der Erde wirkt wie ein Schutzschild und lenkt diese Teilchen größtenteils an der Erde vorbei. Ein Teil des Sonnenwinds kann aber, wenn er stark ist, den Nord- und Südpol erreichen und dort die Luftmoleküle zum Leuchten bringen: Dann sind Polarlichter zu sehen, und es scheint, als würden wunderschöne grüne und gelbe Gardinen zur Erde fallen.

Bei einem Sonnensturm kann es auch für die Bordelektronik von Satelliten und für die Stromnetze auf der Erde gefährlich werden. Deshalb erstellen die Raumfahrtagenturen regelmäßig Prognosen für das Weltraumwetter und warnen vor solaren Unwettern. Auch Flugzeuge, die zwischen Asien und Nordamerika über den Nordpol fliegen, und natürlich die Astronauten im All können betroffen sein. Im August 1972 gab es zum Beispiel einen ordentlichen Sonnensturm, der zum Glück zwischen den beiden Mondmissionen Apollo 16 und 17 lag. Er hätte den Astronauten sicher zugesetzt, denn der Teilchenstrom kann Schwindel, Übelkeit und auch Krebs auslösen. Auf der Raumstation ISS ist die Besatzung zu einem guten Teil durch das Magnetfeld der Erde geschützt, aber für einen Flug zum Mars braucht man ein neues Schutzkonzept, denn der Flug dauert mindestens zwei Jahre. Auch auf der Planetenoberfläche wären die Raumfahrer der Strahlung ausgeliefert, da der Mars kein schützendes Magnetfeld mehr besitzt. Es muss also noch einiges geschehen, bis eine bemannte Mars-Mission auch nur wahrscheinlich wird. Bisher ist mehrmals simuliert worden, ob eine Crew die lange Phase der Abgeschiedenheit psychisch verkraftet. Aber für die Strahlung der Sonne und auch aus dem Kosmos gibt es – außer dicken Schutzschilden, die einen stärkeren Antrieb erfordern würden – bisher keine Lösung.

Vor einigen Jahren noch hatten Forscher von der Sonne und anderen Sternen nur ein Modell aus mehreren kugelförmigen Schichten; erst heute können sie auch die gewaltigen Ströme heißen Gases innerhalb der Sonne am Computer simulieren. Für unsere Zwecke genügt jedoch die Vorstellung von einem schalenartigen Aufbau: Im kleinen, dichten Kern verschmelzen Wasserstoffatome zu Helium und geben auf verschiedenen Wegen Energie frei. Es entstehen zum Beispiel Neutrinos, die auch »Geisterteilchen« genannt werden, weil sie andere Materie fast mühelos durchqueren. Sie sind genau aus diesem Grund schwer zu messen, weil sie nämlich auch alle Instrumente durchdringen, ohne eine Spur zu hinterlassen. Nur ganz selten erzeugen sie einen kleinen Blitz. In riesigen Wassertanks oder durchsichtigen Eisblöcken im ewigen Eis der Antarktis suchen Forscher nach diesen Blitzen.

Der Löwenanteil der erzeugten Energie verlässt die Sonne jedoch als sichtbares Licht. Diese Strahlung muss sich innerhalb der Sonne im Gedränge der Partikel zur Sonnenoberfläche vorkämpfen – ein Prozess, der viele tausend Jahre dauern kann. Da die Sonne aus Gas besteht, hat sie allerdings keine scharf definierte Oberfläche wie die Erde, und auch der Strahlenkranz verliert sich irgendwann im All.

Unter den Sternen ist die Sonne in den Augen von Astronomen eher unscheinbar. Sie ist weder besonders groß noch besonders klein, und weder besonders alt noch besonders jung. Im Unterschied zu vielen anderen Sternen ist sie allein und hat keinen Begleiter, der sie umkreist. Systeme mit zwei Sternen sind ansonsten recht häufig, und auch in solchen Doppelsystemen gibt es Planeten. Man darf sich das durchaus so vorstellen wie beim Heimatplaneten Tatooine von Anakin und Luke Skywalker aus *Star Wars*. Es gibt eine bekannte Szene in der vierten Folge der Filmreihe, in der Luke den Untergang von zwei Sonnen sieht, bevor er am nächsten Tag seine ersten Schritte zum Jedi-Ritter macht. Wie sich zwei Sterne auf die Lebensbedingungen auf einem Planeten auswirken würden, ist aber noch unklar. Man ahnt bloß, dass es bei zwei Sternen einen anderen Rhythmus der Jahreszeiten geben dürfte, als wir ihn kennen, und dass man seine Uhr nicht unbedingt nach dem Stand der Sonnen stellen sollte, weil sich die Position der Sonnen zueinander laufend verändern würde.

Weil alle Sterne aus einer Wolke aus Wasserstoff- und Heliumgas entstehen, unterscheiden sie sich im Wesentlichen in zwei Punkten: in der Masse des Sterns und in der Zeit, die seit seiner ersten Kernfusion vergangen ist. Wenn die Wolke zu klein ist, dann wird sie unter ihrer eigenen Schwerkraft nicht dicht genug, um Atomkerne in großem Stil zu verschmelzen. Dann zündet das Sternenfeuer nicht richtig, und der Himmelskörper glimmt höchstens ein wenig vor sich hin. Solche kleinen Sterne, die weniger als sieben oder acht Prozent der Sonnenmasse besitzen, werden »Braune Zwerge« genannt. Weil sie kaum leuchten, hat man sie erst vergleichsweise spät entdeckt: Im September 1995 wurde der erste Nachweis eines Braunen Zwergs bekanntgegeben. Für mich ist das heute ein besonderes Datum, weil ich mit einem Bericht über diese Entdeckung zum ersten Mal in den Wissenschaftsteil einer Zeitung gelangte.

Wenn die Wolke, in der ein Stern geboren wird, mindestens acht- bis zwölfmal massereicher ist als das Ausgangsmaterial unseres Sonnensystems, dann entsteht hingegen ein Riesenstern, der seinen Brennstoff schon in einigen wenigen Millionen Jahren verbrauchen kann und dann in sich zusammenfällt und sogleich vollständig in einer Supernova explodiert. Die Sonne wird sich hingegen in den nächsten Milliarden Jahren erst langsam aufblähen, so dass es auf der Erde für Leben zu heiß werden wird, und schließlich ihre Hülle abstoßen. Das wird auch ein leuchtendes Spektakel sein, aber nicht ganz so spektakulär wie eine Supernova. Am Ende wird ein heißer kleiner Überrest bleiben, der nur mehr etwas größer ist als die Erde: ein Weißer Zwerg.

Ein Herz für den Pluto

Mit der Sonne sind vor 4,6 Milliarden Jahren acht Planeten entstanden. Die vier inneren Planeten bestehen aus Gestein, und die Erde ist der größte davon. Die vier äußeren Planeten sind alle vergleichsweise riesig und bestehen aus Gasen, haben also vermutlich keine feste Oberfläche, auf der man landen könnte.

Von 1930 bis 2006 gehörte ein neunter Planet zur Familie: der Pluto. Der US-amerikanische Astronom Clyde Tombaugh entdeckte ihn 1930: Er hatte festgestellt, dass sich der Körper von einer Aufnahme des Himmels zur nächsten bewegt hatte. Der Pluto war von allen Planeten am weitesten von der Sonne entfernt; er benötigt 248 Jahre, um die Sonne einmal zu umrunden. Doch im August 2006 entschied die internationale Vereinigung der Astronomen, ihm den Planetenstatus abzuerkennen, weil er zu klein ist und es nicht geschafft hat, mit seiner Schwerkraft alle anderen Objekte in seiner Bahn um die Sonne wegzuräumen. Seitdem gilt er – mit einigen anderen fernen Himmelskörpern ähnlicher Größe – als Zwergplanet. Bis zu dieser Entscheidung konnte man sich die Reihenfolge der Planeten mit dem Satz »Mein Vater erklärt mir jeden Sonntag unsere neun Planeten« merken. Die Anfangsbuchstaben passen zu den Planeten, vom Inneren des Sonnensystems nach außen: Merkur, Venus, Erde, Mars, Jupiter, Saturn, Uranus, Neptun, Pluto. Ohne den Pluto muss man auf einen anderen Merksatz ausweichen, etwa diesen hier: »Mein Vater erklärt mir jeden Sonntag unseren Nachthimmel«.

Das Sonnensystem ist – wie auch die Milchstraße – eine Scheibe, und alle Planeten bewegen sich ungefähr in einer Ebene. Am Himmel sind sie daher nur in einem schmalen Streifen zu sehen. Gelegentlich hört man von der angeblichen Gefahr, wenn alle Planeten in einer Reihe stehen. Es heißt, dass sich ihre Schwerkraft dann gegenseitig aufheben könne, was vieles aus dem Lot bringen würde. Doch die Schwerkraft der anderen Planeten wirkt auf der Erde viel zu schwach, um einen bemerkbaren Effekt zu haben. Und in einer Linie stehen die Planeten ausgesprochen selten. Weil man die Bahnen der Planeten gut berechnen kann – die Gesetze dafür hat der Astronom Johannes Kepler aus Weil der Stadt bei Stuttgart am Anfang des 17. Jahrhunderts beschrieben –, gibt es im Netz Portale, auf denen man alle Konstellationen der kommenden Jahrhunderte berechnen kann. Die Planeten bekommt man damit aber nicht wirklich auf eine Linie. In der Regel muss man sich damit begnügen, sie alle – von der Sonne aus gesehen – innerhalb eines Winkels von 25 oder 30 Grad zu haben. Der Astronom und Blogger Florian Freistetter bemerkte, dass streng genommen die Planeten und die Sonne nur alle 340 Millionen Jahre in einer Reihe stünden, wenn man von oben auf das Sonnensystem schauen würde. Und das schließt auch Fälle ein, in denen sich einige der Planeten auf der anderen Seite der Sonne befinden.

Als der Pluto zum Zwergplaneten erklärt wurde, war die erste Raumsonde zu ihm schon unterwegs: New Horizons ist ordentlich beschleunigt worden, damit die fünf Milliarden Kilometer weite Reise nicht allzu lange dauert. Als die Sonde der NASA im Juli 2015, nach neun Jahren im All, ihr Ziel endlich erreichte, störte sich niemand daran, dass sie inzwischen keine Planetensonde mehr war. Sie schoss mit 50 000 Kilometern in der Stunde am Pluto vorbei und funkte mit einer Datenrate von einem bis zwei Kilobytes pro Sekunde ihre Nahaufnahmen zur Erde. Das dauerte mehr als ein Jahr. Einen guten Teil der Zeit funkte New Horizons auch gar nicht, weil die Sonde Messungen vornahm und ihre Antenne in dieser Zeit nicht zur Erde ausgerichtet war.

Wie schon beim Saturn-Mond Titan haben es mir die Nahaufnahmen angetan. Sie zeigen einen Himmelskörper, der viel aktiver ist, als man gedacht hatte. Schon auf den ersten Blick sieht man, dass die Oberfläche mal rötlich, mal weiß, mal gelb und mal blau gefärbt ist. Wie kommt es zu dieser Farbvielfalt? Am Rand des Sonnensystems, wo Pluto seine Bahnen zieht, ist es kalt: Auf seiner Oberfläche misst man im Mittel minus 230 Grad. Mancher mag daher eine erstarrte, tote Welt erwartet haben. Aber auf dem Pluto ist vieles im Fluss, Gletscher schieben sich über den Boden. Schon auf den ersten Fotos sahen die Forscher, dass in weiten Teilen der Oberfläche die sonst typischen Einschläge von Asteroiden fehlen. Als das Sonnensystem noch jung war, sind viele größere und kleinere Brocken durch das Sonnensystem geschwirrt und auf alle Planeten gekracht – auch auf den Pluto. Diese Krater müssen dort im Laufe der Zeit überdeckt oder abgeschliffen worden sein.

Man muss vorsichtig vorgehen, wenn man die Bilder fremder Welten begutachtet. Auf dem Pluto sieht man zum Beispiel spitze Berge, die wie lauter kleine Matterhörner drei Kilometer emporragen. Doch sie sind nicht aus Gestein, sondern aus Wassereis. Andere Brocken schwimmen als Eisberge in einem Meer aus flüssigem Stickstoff. Bekannt geworden ist vor allem ein 1600 Kilometer großes weißes Herz aus Eis auf dem ansonsten meist rotbraunen Untergrund. Die Region wird nach dem Pluto-Entdecker »Tombaugh Regio« genannt. Am 1. Januar 2019 wird New Horizons schließlich einen vielleicht 30 Kilometer großen Asteroiden passieren, der im Jahr 2014 entdeckt wurde und bisher bloß »2014 MU69« genannt wird. Er gehört zum Kuipergürtel, einem Ring aus vielen kleinen Brocken, die in sehr großer Entfernung die Sonne umkreisen. Der Kuipergürtel ist neben dem Asteroidengürtel zwischen den Planetenbahnen von Mars und Jupiter eine der beiden Regionen im Sonnensystem, in denen die Asteroiden zu Hause sind.

Vier Raumsonden der NASA haben schon eine größere Strecke zurückgelegt als New Horizons: Pioneer 10 und Pioneer 11, die Anfang der 1970er Jahre in entgegengesetzte Richtungen geschickt wurden, sind mehr als doppelt so weit von der Erde entfernt wie New Horizons. Doch der Funkkontakt zu ihnen ist schon vor einigen Jahren abgebrochen. Die beiden Sonden Voyager 1 und Voyager 2, die 1977 starteten, senden jedoch weiterhin Signale aus der Welt jenseits des Pluto. Sie werden heute aus einem Büro im Gewerbegebiet des kalifornischen Pasadena gesteuert. Die Piloten arbeiten mit modernen Computern, doch sie haben es auf den Raumsonden mit der Computertechnik der frühen 1970er Jahre zu tun. In der Raumfahrt ist das nicht ungewöhnlich. Zum einen vergehen zwischen der Idee zu einer Mission und ihrer Umsetzung oft Jahre oder gar Jahrzehnte. Zum anderen setzt man ohnehin lieber auf bewährte Technik, die den Strapazen eines Raketenstarts standhält, als auf die neuesten Computer. Im Fall der beiden baugleichen Voyager-Sonden hat sich die Technik als sehr robust erwiesen.

Die Voyager-Raumschiffe sind so bekannt geworden, dass die Autoren der *Star Trek*-Filme sogar annahmen, dass das Programm fortgesetzt würde. Im fünften Kinofilm der Reihe kehrt die Sonde Voyager 6 zur Erde zurück, um ihren Schöpfer aufzusuchen. Doch in der Realität blieb es bei zwei Sonden, und seit Voyager 2 in den 1980er Jahren die ersten Nahaufnahmen der äußeren Planeten Uranus und Neptun zur Erde funkte, ist der wichtigste Teil der Mission abgeschlossen. Uranus ist ein hell- und Neptun ein dunkelblauer Gasplanet, beide besitzen etwa 15-mal so viel Masse wie die Erde. Eine neue Mission zum Neptun ist derzeit nicht in Sicht; eine zum Uranus startet vielleicht in den 2020er Jahren.

Inzwischen hat Voyager 1 sogar den Bereich verlassen, der vom Sonnenwind beeinflusst wird, und ist in das interstellare Medium eingetaucht – also in das dünne Gas, das den Raum zwischen den Sternen füllt. Manche sehen in diesem Übergang die Grenze des Sonnensystems und sagen, dass die Sonde als Erste das Sonnensystem verlassen habe. Bis zum Jahr 2025 dürften ihre Batterien aufgebraucht sein, die aus dem

Zerfall radioaktiven Materials Energie gewinnen. Schon vorher werden die NASA-Piloten einzelne Instrumente abschalten.

Die Flugbahnen der beiden Raumsonden sind nicht auf einen Stern gerichtet, und voraussichtlich werden Voyager 1 und Voyager 2 in den nächsten Jahrtausenden ins Leere fliegen. In 40 000 Jahren kommt Voyager 1 dem Stern Gliese 445 immerhin auf gut ein Lichtjahr nahe – aber auch nur aus dem Grund, weil sich der Stern mit großer Geschwindigkeit auf die Raumsonde zubewegt.

Setzen wir unsere Reise ins Innere des Sonnensystems in Richtung Erde fort. In dieser Region sind zahlreiche robotische Sonden unterwegs, erforschen die Himmelskörper und funken immer wieder überraschende Fotos von sonderbaren Welten zu ihrer Bodenstation.

Da gibt es zum Beispiel den 400 Kilometer großen Saturn-Mond Mimas, auf dessen Oberfläche gerade genug Platz wäre für Deutschland, Österreich und die Schweiz. Sein auffälligstes Merkmal ist ein vergleichsweise großer Krater, der ihn aussehen lässt wie den Todesstern aus der *Star Wars*-Reihe.

Der Saturn-Mond Iapetus sieht hingegen ganz anders aus. In Arthur C. Clarkes Roman *2001: Odyssee im Weltraum* – der am Saturn spielt und nicht, wie Stanley Kubricks gleichnamiger Film, am Jupiter – entdeckt der Astronaut Dave Bowman auf dem Iapetus einen schwarzen Monolithen in der Mitte einer weißen Fläche. 1980, also mehr als ein Jahrzehnt später, flog die Sonde Voyager 1 am Iapetus vorbei und sandte Fotos zur Erde, auf denen eine weiße Fläche mit einem schwarzen Punkt in der Mitte zu sehen war. Der populäre Astronom und TV-Moderator Carl Sagan schickte Clarke einen Abzug und kommentierte das Foto mit den Worten: »Thinking of you …«
Inzwischen hat die Sonde Cassini den Mond Iapetus genauer

untersucht. Er ist im Grunde weiß, aber in Flugrichtung von einer dünnen, dunkelroten Schicht bedeckt. Möglicherweise speit der Mond gelegentlich in Flugrichtung Fontänen ins All, die dann auf ihn zurückfallen.

Unsere Nachbarplaneten

Vorbeiflüge und Nahaufnahmen sind das eine und Landungen eine ganz andere Herausforderung in der Raumfahrt. Bisher gab es 40 weiche Landungen außerhalb der Erde, darunter sechs bemannte Landungen auf dem Mond. Schon Ende der 1960er Jahre begannen die USA und die Sowjetunion, Sonden zu unseren Nachbarplaneten zu schicken. Viele Missionen scheiterten, weil der Start missglückte, der Zielplanet verfehlt wurde, die Sonde abstürzte oder der Funkkontakt verlorenging. So erging es zuletzt der europäisch-russischen Sonde Schiaparelli, die im Oktober 2016 auf dem Mars abstürzte, weil die Bremsdüsen nicht lange genug feuerten.

Schiaparelli steht in einer langen Reihe von Fehlschlägen: Als die sowjetische Sonde Venera 7 im Jahr 1970 die ersten Daten von der Oberfläche der Venus sendete, waren zuvor vier Landesonden abgestürzt. Unter der dichten Wolkendecke der Venus ist es rund 450 Grad heiß. Dort gibt es also kein Wasser und auch kein Leben. Das liegt nicht nur daran, dass die Venus der Sonne etwas näher ist als die Erde, sondern hängt vor allem mit ihrer Atmosphäre zusammen, die fast vollständig aus Kohlendioxid besteht. Der Treibhauseffekt ist auf der Venus also sehr viel stärker als auf der Erde. Die Venus ist übrigens der hellste Punkt am Himmel. Weil sie die Sonne auf einer inneren Bahn umkreist, steht sie nicht weit weg von

Astronomie und Raumfahrt

nach dem 2. Weltkrieg

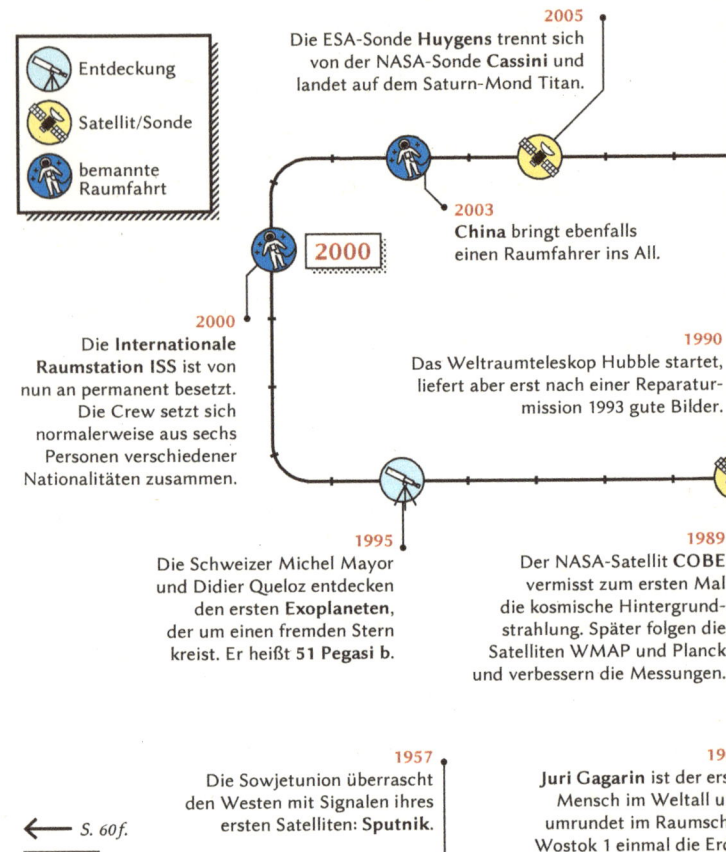

Entdeckung

Satellit/Sonde

bemannte Raumfahrt

2005
Die ESA-Sonde **Huygens** trennt sich von der NASA-Sonde **Cassini** und landet auf dem Saturn-Mond Titan.

2000

2003
China bringt ebenfalls einen Raumfahrer ins All.

2000
Die **Internationale Raumstation ISS** ist von nun an permanent besetzt. Die Crew setzt sich normalerweise aus sechs Personen verschiedener Nationalitäten zusammen.

1990
Das Weltraumteleskop Hubble startet, liefert aber erst nach einer Reparaturmission 1993 gute Bilder.

1995
Die Schweizer Michel Mayor und Didier Queloz entdecken den ersten **Exoplaneten**, der um einen fremden Stern kreist. Er heißt **51 Pegasi b**.

1989
Der NASA-Satellit **COBE** vermisst zum ersten Mal die kosmische Hintergrundstrahlung. Später folgen die Satelliten WMAP und Planck und verbessern die Messungen.

1957
Die Sowjetunion überrascht den Westen mit Signalen ihres ersten Satelliten: **Sputnik**.

196
Juri Gagarin ist der erst Mensch im Weltall un umrundet im Raumschi Wostok 1 einmal die Erd

← S. 60f.

1950

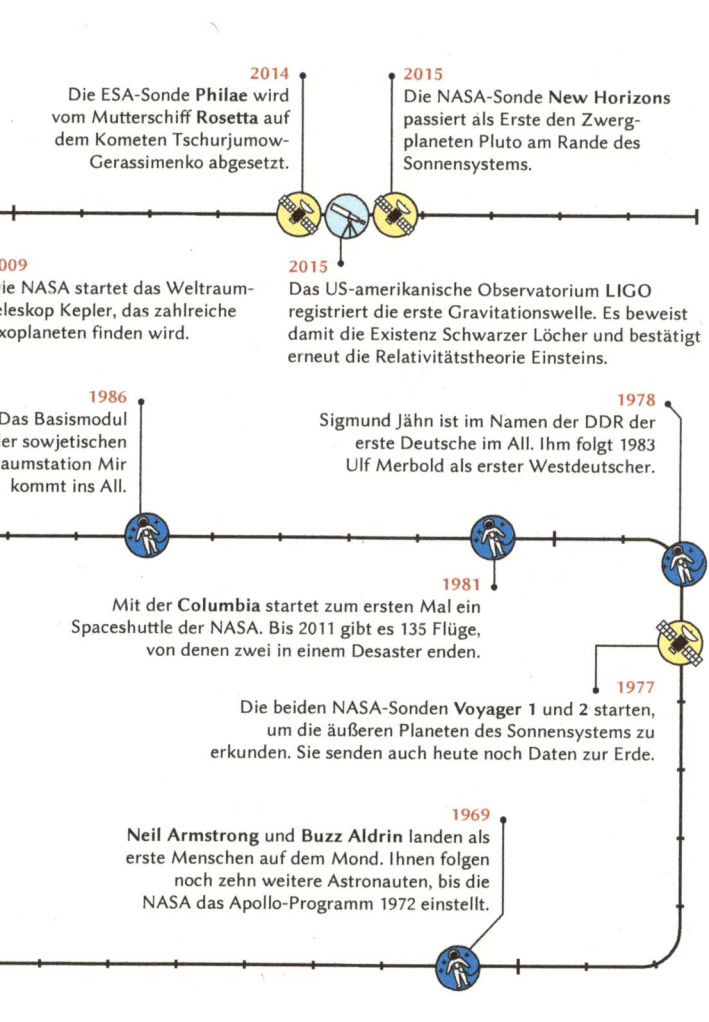

2014
Die ESA-Sonde **Philae** wird vom Mutterschiff **Rosetta** auf dem Kometen Tschurjumow-Gerassimenko abgesetzt.

2015
Die NASA-Sonde **New Horizons** passiert als Erste den Zwergplaneten Pluto am Rande des Sonnensystems.

2009
Die NASA startet das Weltraumteleskop Kepler, das zahlreiche Exoplaneten finden wird.

2015
Das US-amerikanische Observatorium LIGO registriert die erste Gravitationswelle. Es beweist damit die Existenz Schwarzer Löcher und bestätigt erneut die Relativitätstheorie Einsteins.

1986
Das Basismodul der sowjetischen Raumstation Mir kommt ins All.

1978
Sigmund Jähn ist im Namen der DDR der erste Deutsche im All. Ihm folgt 1983 Ulf Merbold als erster Westdeutscher.

1981
Mit der **Columbia** startet zum ersten Mal ein Spaceshuttle der NASA. Bis 2011 gibt es 135 Flüge, von denen zwei in einem Desaster enden.

1977
Die beiden NASA-Sonden **Voyager 1** und **2** starten, um die äußeren Planeten des Sonnensystems zu erkunden. Sie senden auch heute noch Daten zur Erde.

1969
Neil Armstrong und **Buzz Aldrin** landen als erste Menschen auf dem Mond. Ihnen folgen noch zehn weitere Astronauten, bis die NASA das Apollo-Programm 1972 einstellt.

ihr, und ist trotzdem oft gut zu sehen – vor allem in der Dämmerung morgens oder abends.

1975 machte die Sonde Venera 9 das erste schwarz-weiße Foto von der Oberfläche der Venus: Es zeigt eine wüste Ebene mit vielen Steinen. Man sieht Schatten, denn die Wolkendecke lässt einiges Sonnenlicht hindurch. Während die Sowjetunion mit der Venus Glück hatte, landeten die Amerikaner auf dem Mars. 1976 erhielt die NASA ein erstes Foto der Sonde Viking 1, nachdem bei der russischen Sonde Mars 3 einige Jahre zuvor der Funkkontakt kurz nach der Landung abgebrochen war, bevor das erste Bild vollständig übermittelt werden konnte. Auch Viking 1 zeigte eine weite Ebene mit vielen Steinen. Dass die Sonden alle in Ebenen landeten, ist kein Zufall, sondern Absicht, denn in einer bergigen oder zerklüfteten Region ist das Risiko, dass die Mission scheitert, größer. Die Missionen sind auch so riskant genug, schon kleine Fehler können alles zunichtemachen: 1999 verlor die NASA zum Beispiel einen 125 Millionen US-Dollar teuren Mars-Satelliten, weil die Steuerung mit dem metrischen System arbeitete, aber die Navigationssoftware mit Pfund und Inch. Die Sonde tauchte zu tief in die Mars-Atmosphäre ein und wurde durch die Hitze zerstört.

Auf dem innersten Planeten Merkur ist bisher keine Sonde gelandet, um die Gegend zu erkunden, weil das den Raumfahrtagenturen zu aufwendig ist. Der Planet ist der Sonne so nahe, dass es für Raumsonden sehr heiß wird und sie vor einer Landung komplizierte Bahnen fliegen müssten.

Der Autor Kim Stanley Robinson hat sich in seinem Roman 2312 jedoch eine Besiedlung des Merkur ausgemalt. Die größte Attraktion ist dort der Sonnenaufgang: Weil der Planet keine Atmosphäre besitzt, wird das Sonnenlicht nicht durch die Teilchen der Luft abgelenkt. Auf der Erde entsteht auf diese

Weise die Dämmerung, doch auf dem Merkur fällt der Übergang weg. Plötzlich schiebt sich die Sonne, die dort zwei- bis dreimal größer erscheint, über den Horizont und erhellt den ansonsten pechschwarzen Himmel. Die Sonne wandert vom Merkur aus gesehen so langsam über den Himmel, dass genug Zeit bleibt, um in einen Wagen zu steigen, ein Stück in die Nacht zu fahren – und erneut auf die Sonne zu warten.

Heute interessiert man sich am meisten für den Mars. Jede Mission dorthin – bisher haben sieben Roboter die rote Oberfläche des Planeten erkundet – wird mit der Suche nach außerirdischem Leben begründet. Auf dem Mars können die Temperaturen über null Grad steigen, und es gab dort zumindest früher, das heißt vor einigen Milliarden Jahren, Wasser. Davon zeugen gewaltige Flusstäler und auch Mineralien, die sich in einem See gebildet haben müssen. Auch heute gibt es nahe dem Mars-Nordpol noch etwas Wassereis. Das bekannteste Bild davon ist eine Linse in einem Krater in der nördlichen Tiefebene, die bläulich eingefärbt wurde und für mich zu den schönsten Mars-Aufnahmen gehört. Mehr Eis dürfte sich im Boden verbergen.

Doch die Atmosphäre des Roten Planeten ist im Laufe der Zeit so dünn geworden, dass flüssiges Wasser heute gleich verdunsten würde. Nur hier und da gibt es Hinweise auf feuchte Flecken auf der Oberfläche, die aber schnell wieder verschwinden. Ob sich dort einfache Formen von Leben entwickeln können, ist bis heute offen. Immerhin hat man auf der Erde Mikroorganismen gefunden, die auch unter extremen Bedingungen überleben, also in sehr salzigem Wasser oder bei hohen Temperaturen. Um eine Vermischung von irdischem und marsianischem Leben zu verhindern, werden die Raumsonden auch sterilisiert, bevor sie losfliegen.

Die erste Mars-Landung, die ich als Journalist verfolgen wollte, war eine europäische: Die Sonde Beagle 2 sollte Weihnachten 2003 landen, doch man hörte nichts von ihr. Erst einige Jahre später entdeckte man die Sonde auf einem Satellitenfoto: Sie scheint weich gelandet zu sein und hat zumindest einige ihrer Solarflügel ausgeklappt. Warum sie letztlich nicht funktionierte, bleibt jedoch ein Rätsel. Parallel zur Landung nahm der europäische Satellit Mars Express seine Arbeit auf und liefert seitdem farbige 3-D-Aufnahmen wie die der Wassereis-Linse. Die 3-D-Daten erlauben auch virtuelle Flüge über die Oberfläche mit ihren hohen Bergen und kilometertiefen Schluchten. Das Canyon-System Valles Marineris, das wie eine Narbe auf dem Planeten aussieht, zieht sich sogar über 4000 Kilometer hin. Die Bilder sind alle in einem kräftigen Rotbraun gehalten. Wie das Ganze für einen Astronauten aussehen würde, der sich die Landschaft mit eigenen Augen anschaut, kann man aber nicht mit letzter Gewissheit sagen. Der für die 3-D-Kamera verantwortliche Wissenschaftler, Gerhard Neukum von der Freien Universität Berlin, vermutete, dass der Mars tatsächlich etwas blasser sein dürfte, als er auf den Fotos erscheint.

Trotzdem haben Forscher inzwischen ein gutes Bild von unserem Nachbarplaneten – und die Manager der Raumfahrtagenturen sprechen, wie auch einige Politiker und Unternehmer, immer wieder davon, dorthin zu fliegen. Konkret sind diese Pläne aber noch nicht, die Schwierigkeiten wären auch immens. Deshalb werden sich die europäische und die russische Raumfahrtagentur, ESA und Roskosmos, sicher bemühen, auch nach dem Fehlschlag der Sonde Schiaparelli ihre Marserkundung fortzusetzen. 2020 soll ein Roboter folgen, der zwei Meter tief in den Marsboden bohrt.

Selfie des NASA-Roboters Curiosity am Mount Sharp auf dem Mars (zusammengesetzt aus zahlreichen Einzelaufnahmen verschiedener Kameras).

Die wohl spektakulärste Landung auf dem Mars hat die NASA im August 2012 hingelegt: Die Sonde Curiosity hielt sich mit Raketen einige Meter über dem Boden in der Schwebe und ließ einen Roboter von der Größe eines Kleinwagens an Seilen hinab. Die Piloten auf der Erde konnten nur zusehen, da ihre Kurskorrekturen wegen der großen Entfernung zu spät eingetroffen wären. So mussten sie sieben Minuten schwitzen, bis das erlösende Signal der geglückten Landung auf dem Monitor erschien. Der Roboter erkundet seitdem einen Krater namens Gale, in dessen Mitte sich ein fünf Kilometer hoher Berg, der Mount Sharp, erhebt. Curiosity hat inzwischen mehr als zwölf Kilometer zurückgelegt, Steine angebohrt und Bodenproben analysiert. Gesteuert wird er von Wissenschaftlern, die ihr Leben zeitweise auf den 25-Stunden-Rhythmus eines Mars-Tages umstellen. Sie haben gut zu tun, denn Curiosity ist, wie auch sein acht Jahre älterer Vorgänger Opportunity, schon viel länger an der Arbeit, als ursprünglich vorgesehen war.

Dass Raumsonden robust sind, wird inzwischen fast schon erwartet. Im Buch *Der Marsianer* von Andy Weir, das auch verfilmt wurde, nutzt ein zurückgelassener Astronaut sogar die alte Technik einer verstummten Mars-Sonde, um mit der Station auf der Erde Kontakt aufzunehmen. Ich finde es leider bezeichnend, dass die wissenschaftliche Arbeit im Kinofilm als Routine dargestellt wird. Spannend wird die bemannte Raumfahrt hier – wie auch im Film *Apollo 13* – erst durch die Gefahren für die Astronauten. Man könnte fast den Eindruck bekommen, dass man nicht zum Mars fliegen will, weil man sich wissenschaftliche Erkenntnisse erhofft, sondern weil es ein Wagnis ist und Spannung verspricht. Immerhin hat die Mondlandung, die sich im Juli 2019 zum 50. Mal jähren wird, eine Generation von jungen Menschen angespornt, ein wissenschaftliches oder technisches Fach, wenn nicht gleich Luft- und Raumfahrttechnik zu studieren. Das geben viele Forscher zu – und zugleich bezweifeln einige, dass sich die teuren bemannten Missionen für die Wissenschaft lohnen.

Für mich ist die größte Mission die Suche nach Leben außerhalb der Erde. Auf dem Mars könnte man welches finden, auf Kometen könnte man zumindest die Bausteine dafür entdecken – und vielleicht gibt es sogar eine zweite Erde im All, die einen fremden Stern umkreist. Von diesen Entdeckungen sind wir nicht mehr allzu weit entfernt. Sie sind das zentrale Thema, wenn wir uns im nächsten Kapitel der Erde nähern.

Sind wir einzigartig?

Derzeit bietet nur Russland einen regelmäßigen Flugbetrieb ins All. Die US-amerikanische NASA hat ihre anfälligen Spaceshuttles 2011 außer Betrieb genommen und finanziert nun private Firmen wie SpaceX, die neue Raumschiffe entwickeln und testen. China hat bereits fünf Mal eigene Astronauten sowie das Raumlabor Tiangong 1 in eine Erdumlaufbahn gebracht. Für die kommenden Jahre plant die Volksrepublik, eine eigene Raumstation im All aufzubauen, und hält sich bisher mit internationalen Kooperationen zurück.

So sind Europa und die USA auf die alte, aber bewährte Technik der russischen Raumfahrtagentur Roskosmos angewiesen. Die Sojus-Raumschiffe können drei Astronauten und Kosmonauten zur Internationalen Raumstation ISS bringen. Nach ihrer Mission landen die Frauen und Männer am Fallschirm in der Steppe Kasachstans. In diesen weiten Ebenen haben die Sowjets 1955 ihren Weltraumbahnhof Baikonur gebaut, der bis heute genutzt wird. Russland hat das Gelände bis 2050 von der Republik Kasachstan gepachtet. Dort war man weit weg von neugierigen Blicken und hatte Platz. Außerdem war man vergleichsweise weit im Süden, was bei Raketenstarts von Vorteil ist: Je näher am Äquator man startet, umso mehr Schwung bekommt die Rakete durch die Drehung der Erde mit. Die USA haben aus diesem Grund ihren Weltraumbahnhof Cape Canaveral in Florida, und Europa betreibt einen in Französisch-Guayana in Südamerika.

Die Landung der Sojus-Kapseln kann man in Online-Videos beobachten. Kurz vor dem Aufprall werden Bremsraketen gezündet, und die Kapsel setzt mit maximal 15 Stundenkilometern auf. Das genügt, um eine ordentliche Staubwolke aufzuwirbeln, und man fühlt mit den Insassen mit, die nach mehreren Monaten im All nicht nur die Schwerkraft wieder spüren, sondern gleich einen ziemlichen Stoß abbekommen. Solche Landungen werden nur deshalb »weich« genannt, weil das Raumschiff heil bleibt.

Für die 2020er Jahre plant man eine neue Generation von Raumschiffen für Astronauten. Die Firma SpaceX sowie die NASA und ESA arbeiten daran, unbemannte Frachter für den bemannten Flug auszurüsten. Die ESA hat zwischen 2008 und 2015 fünf Frachter zur ISS geschickt, sogenannte »Automatische Transfer-Vehikel«, kurz: ATV.

Beim ersten Start eines ATV im März 2008 konnte ich zuschauen. Das Startgelände nahe der Kleinstadt Kourou in Französisch-Guayana liegt im tropischen Regenwald. Es ist das ganze Jahr über heiß und feucht, und wenn man das klimatisierte Flugzeug verlässt, fühlt man sich, als bekomme man einen nassen Lappen ins Gesicht geschlagen. Im Unterschied zu amerikanischen Starts, bei denen oft ein Kommentator das Abheben mit euphorischen Worten begleitet, zählt bei der ESA ein Verantwortlicher nüchtern auf Französisch den Countdown herunter und endet mit »Décollage«, dem französischen Wort für »Start«. Das erste ATV startete mitten in der Nacht, und weil der Himmel bedeckt war, verschwand die Ariane-

5-Rakete schon nach wenigen Sekunden in den Wolken. Ihr Feuerschweif ließ die Wolken orange leuchten, und erst dann hörte man das Donnergrollen der Raketenmotoren – und spürte es im Magen. Wie auch die vier folgenden Missionen, wurde dieser Flug ein Erfolg.

Eine holprige Landung

Besonders spannend sind Reisen zu Kometen. Diese kleinen Brocken fliegen steil auf die Sonne zu und verlieren durch Hitze und Sonnenwind einen Teil ihres Materials, das dann den hübschen, langen Schweif bildet. 1986 hatte die ESA mit der Sonde Giotto den Halleyschen Kometen besucht, der erst im Jahr 2061 zu uns wiederkehren wird. Die Sonde näherte sich bis auf 600 Kilometer, wurde aber einige Sekunden zuvor von einem Staubteilchen getroffen, das die Kamera zerstörte. Bei Geschwindigkeiten von einigen zehntausend Stundenkilometern können auch Krümel eine durchschlagende Wirkung haben – deshalb ist auch der zunehmende Weltraumschrott im Orbit um die Erde inzwischen eine Gefahr für alle Weltraumflüge.

2005 nahm die NASA in der Mission Deep Impact den ersten Kontakt zu einem Kometen auf: Ein Projektil mit einer Masse von 370 Kilogramm schlug am US-amerikanischen Unabhängigkeitstag mit einer Geschwindigkeit von 36 000 Kilometern in der Stunde auf. Es war vor allem aus Kupfer gefertigt, da Kupfer auf Kometen nicht vorkommt. So konnten die Forscher alle Anzeichen von Kupfer aus den Messungen herausrechnen. Beim Aufschlag wurden einige tausend Tonnen Material ins All geworfen. Der Komet war also sozusagen recht fluffig und hatte keine harte Kruste. Wegen des ganzen Staubs konnte die begleitende Sonde den Krater nicht sehen. Die Raumsonde Stardust, die den Kometen Tempel 1 einige Jahre später besuchte, fotografierte den 150 Meter breiten künstlichen Krater, der allerdings von großen Mengen zurückgefallenen Staubs gefüllt war.

Dann versuchte es die ESA 2014 endlich mit einer weichen Landung auf einem Kometen und setzte den Roboter Philae ab. Philae arbeitete knapp 70 Stunden auf der Oberfläche, bevor seine Akkus leer waren. Für manche war das eine Enttäuschung, weil sie gehofft hatten, dass der Roboter durch die Energie aus seinen Solarpaneelen länger am Leben gehalten würde. Doch er war unglücklich im Schatten gelandet – und konnte nach seiner Hauptmission keine Zugabe geben, wie es in der Raumfahrt ansonsten fast schon zur Gewohnheit geworden war. Philae und sein Mutterschiff Rosetta haben hier einen Kometen besucht, der erst ein paar Mal einen Schweif gebildet hat – also ziemlich jungfräulich ist für einen Himmelskörper im Alter von 4,6 Milliarden Jahren. Er müsste das Material, aus dem das Sonnensystem entstand, wie in einem Tiefkühlfach konserviert haben. Der große Gasplanet Jupiter hatte ihn im 19. Jahrhundert von seiner bisherigen Umlaufbahn abgelenkt, die ihn von der Sonne fernhielt. Seit Mitte des 20. Jahrhunderts kommt der Komet der Sonne alle sechs Jahre nahe. 1969 entdeckten ihn die ukrainischen Astronomen Klym Tschurjumow und Swetlana Gerassimenko, nach denen er benannt wurde. Er geriet erst ins Visier der ESA, als im Dezember 2002 eine Ariane-Rakete nach ihrem Start in Französisch-Guayana explodiert war, alle Starts vorsichtshalber abgesagt wurden und auch die Mission von Rosetta und Philae verschoben werden musste. Als die Sonden im März 2004 endlich starten durften, war der ursprünglich anvisierte Komet außer Reichweite. Die ESA setzte dann auf Tschurjumow-Gerassimenko, den Journalisten später der Einfachheit halber nur noch »Tschuri« nannten.

Begonnen hatte die Planung schon ein Jahrzehnt zuvor. Weil Missionen ins All so langwierig sind, können sie ein Berufsleben überdauern. Es gibt einige Geschichten von Wissenschaftlern, die den Erfolg ihrer Mission nicht mehr erlebten. Als die Sonde Philae ins All startete, stand einer ihrer Entwickler schon kurz vor dem Ruhestand. Berndt Feuerbacher kündigte damals aber an, die Landung auf dem Kometen in jedem Fall sehen zu wollen. Am 12. November 2014 war er tatsächlich im Kontrollzentrum der ESA in Darmstadt und bangte mit den Projektleitern um die Sonde.

Tschurjumow-Gerassimenko sieht aus wie eine Badeente: eine dicke Kugel als Rumpf und eine kleinere Kugel als Kopf, so dass man annehmen kann, dass sich hier zwei Kometen miteinander verbunden haben. Weil auf dem Kopf ein großer Krater zu sehen ist, der wie ein Auge aussieht, erinnert mich der Komet auch an den klingonischen »Bird of Prey« aus den *Star Trek*-Filmen. Philae sollte auf einer Ebene neben dem Auge landen. Der Landeplatz war eine Kompromisswahl: Er sollte größtenteils in der Sonne liegen, wenige Brocken und Risse haben, die Philae die sanfte Landung vermasseln könnten – und natürlich interessante Experimente erlauben. Sieben Stunden dauerte die Landung, weil der Roboter nur von der schwachen Schwerkraft des vier Kilometer großen Kometen angezogen wurde.

Den Tag vertrieben sich die Wissenschaftler und Journalisten am Kontrollzentrum in Darmstadt mit Vorträgen und Interviews. Es gab ein lebensgroßes Modell von Philae zu sehen – er ist etwa einen Meter hoch – und ein verkleinertes des Kometen. Der Komet Tschuri erscheint in allen Bildern in Grau, aber tatsächlich ist er wie alle Kometen pechschwarz. Während man noch vor einigen Jahrzehnten dachte, dass Kometen dreckige Eisbälle seien, bezeichnet man sie heute als eisige Dreckbälle. Aus den ursprünglichen Substanzen, aus denen das Sonnensystem entstand, hat sich mit der Zeit ein ziemlicher Schmodder entwickelt. Die Kameras und die Bildbearbeitung müssen also einiges leisten, um das schwarze Objekt vor dem schwarzen Hintergrund des Alls gut abzubilden.

Kurz vor dem Abendessen kam die erlösende Nachricht aus dem Kontrollzentrum: Philae hat aufgesetzt, alle drei Beine melden Kontakt mit dem Boden. Den Piloten standen Tränen in den Augen. Doch während des Abendessens machten Gerüchte die Runde, es gehe nicht alles mit rechten Dingen zu. Der eine wusste schon mehr, der Nächste hatte wieder etwas anderes gehört. Gegen 20 Uhr trat der Missionsleiter Stephan Ulamec auf die Bühne und verkündete, dass vor wenigen Stunden nicht nur die erste Landung auf einem Kometen geglückt sei, sondern auch gleich die zweite. Man lachte und applaudierte, aber Fragen durfte man keine stellen. Die Projektleiter brauchten die Nacht, um sich auf die Daten einen Reim zu machen. So zeigten die Kameras den Himmel statt den Kometen, der Strom der Solarzellen schwankte, und zwischendurch brach sogar der Funkkontakt ab. Erst am nächsten Morgen war klar: Die beiden Harpunen, die Philae im Boden verankern sollten, hatten nicht ausgelöst. Der Roboter war daher wieder davongehüpft, in einem hohen Bogen über das große Auge des Kometen geflogen, am Rand des Kraters entlanggeschrammt und nach zwei Stunden am Fuß einer Wand zu stehen gekommen. Dort saß er im Schatten und konnte auch nur gelegentlich mit dem Mutterschiff Rosetta, das den Kometen umkreist, Kontakt aufnehmen, wenn es über ihm am Himmel erschien.

Die Bausteine des Lebens

Für die Forscher war das eine brenzlige Situation. Ihr Roboter lag unverankert auf dem Kometen, und eines der drei Beine ragte in die Höhe. Schon das Ausfahren eines Roboterarms hätte wegen der geringen Schwerkraft die Sonde abheben lassen können. Allerdings stand man unter Druck und konnte die knapp 70 Stunden Akkuzeit nicht ungenutzt verstreichen lassen.

Am Ende haben alle Instrumente ihren Dienst verrichtet, aber die Ergebnisse bargen einige Überraschungen. Ein MUPUS genannter dünner Stab hätte zum Beispiel in den Boden gerammt werden sollen, um dessen Beschaffenheit zu untersuchen. Doch auch als die Forscher nach mehreren Stunden erfolgloser Versuche die Hammerstärke über den vorgesehenen Bereich hinaus einstellten, drang das Gerät nicht ein. Kometen mögen größtenteils fluffig sein – Philaes Untergrund aber war offenbar hart wie Stein. Immerhin, sagten die Forscher tapfer, hätten sie etwas Neues gelernt, und veröffentlichten über den Kurznachrichtendienst Twitter ein Foto von Fachbüchern, die sie in den Papierkorb geworfen hatten. Möglicherweise war der Boden, auf dem Philae zum Stehen kam, durch Hitze zusammengebacken. Das hätte zum Beispiel beim Einschlag eines kleinen Brockens auf den Kometen geschehen können.

Einige Monate nach der Landung, im Juni 2015, als der Komet der Sonne noch näher gekommen war, meldete sich Philae zwar wieder, war aber nicht in der Lage, weitere Experimente auszuführen. Es blieb bei dem, was in den ersten drei Tagen nach der Landung geschehen war. Immerhin entdeckte man Philae im September 2016 auf einer Nahaufnahme, die Rosetta schoss, wenige Tage, bevor sie selbst auf dem Kometen landete und dort ihre Mission beendete.

Eine wichtige Frage der Mission lautete, ob Kometen die ersten Biomoleküle und vielleicht auch größere Mengen Wasser auf die Erde gebracht haben könnten. Dazu wollten die Forscher das Wassereis und die Aminosäuren, aus denen Eiweiße aufgebaut sind, untersuchen. Im irdischen Leben spielen nur die linkshändigen Varianten der Aminosäuren eine Rolle – die rechtshändigen, also spiegelbildlich aufgebauten Moleküle hingegen keine. Warum das so ist, weiß man nicht, aber man wollte prüfen, ob es sich auf dem Kometen Tschuri ähnlich verhält. Doch obwohl die Sonden Aminosäuren nachweisen konnten, waren es nicht genügend für eine umfassende Analyse. Und beim Wasser fanden die Wissenschaftler eine andere Zusammensetzung als auf der Erde, was die Fachdebatte über den Ursprung des irdischen Wassers anheizen dürfte.

Obwohl also offenbleibt, ob Kometen die Bausteine des Lebens lieferten, als sie auf der jungen Erde einschlugen, steht außer Frage, dass Einschläge und Kollisionen die Entwicklung des Lebens maßgeblich beeinflusst haben. Ein prominentes Beispiel: Schon einige Millionen Jahre nach der Entstehung der Erde wurde unser Heimatplanet von einem planetengroßen Himmelskörper getroffen und dabei fast in Stücke gerissen. Die Bruchstücke in ihrer Umgebung fanden sich aber binnen einiger Tage zu einem neuen Himmelskörper zusammen: dem Mond. Der ist heute ein starrer, kalter Himmelskörper. Die Seismometer, die bei den Apollo-Missionen installiert wurden, registrierten zwar zahlreiche schwache Beben. Diese werden aber durch die Gezeitenkräfte im Schwerefeld der Erde hervorgerufen, weil die Umlaufbahn des Mondes keinem perfekten Kreis folgt. Auf dem Mond liegt die Vergangenheit offen zu Tage und wurde nie durch Wind und Wasser abgeschliffen wie auf der Erde. Bei vielen Einschlägen ist das Gestein erst geschmolzen und später erstarrt, andere Gegenden wurden vor Jahrmilliarden von Lavaströmen bedeckt, doch die insgesamt zwölf US-amerikanischen Astronauten auf dem Mond traten meist in ein Pulver, das Regolith genannt wird und durch das dauernde Bombardement kleinster Asteroiden entstanden ist.

In einem Bericht der NASA aus dem Jahr 1975 heißt es, dass die ersten Mondlandungen vor allem dazu gedacht waren, die Technik zu erproben. Erst die Missionen Apollo 15, 16 und 17 hätten einen größeren wissenschaftlichen Ertrag erbracht. Während sich Neil Armstrong, der erste Mann auf dem Mond, gerade einmal 60 Meter von der Landefähre entfernte, unternahmen seine Nachfolger mit ihren Mondautos schon Ausflüge über mehr als zehn Kilometer.

Die Astronauten haben insgesamt 380 Kilogramm Mondgestein zur Erde gebracht. Doch manchmal kommen die Brocken auch auf natürlichem Weg zu uns. Im Januar 2002 fanden Geologen zum Beispiel einen 200 Gramm schweren, schwarzen Stein in der Wüste des Oman und konnten erstmals seinen Ursprungsort bestimmen. Der Stein, der »SaU 169« genannt wird, stammte ursprünglich aus dem Mare Imbrium, einem dunklen Fleck auf dem Mond, den man auch mit blo-

Einer der letzten Ausflüge mit dem Mondauto (Mission Apollo 17).

ßem Auge erkennen kann. Als dort vor 3,9 Milliarden Jahren ein Asteroid einschlug, wurde der Stein fortgeschleudert. Auf dem Mond wurde er noch dreimal getroffen, bis er bei einem Einschlag vor 340 000 Jahren ins All gelangte und vor 10 000 Jahren schließlich auf die Erde fiel.

Apokalyptische Einschläge sind im Laufe der Zeit selten geworden. Aber es gibt weiterhin viele größere und kleinere Gesteinsbrocken, die der Erde gefährlich nahe kommen können. Deshalb verwenden die Raumfahrtorganisationen viel Geld dafür, die Umgebung zu überwachen und die Bahnen von vielen tausend Asteroiden möglichst genau vorherzusagen. Es kommt immer wieder vor, dass ein Asteroid die Erde in einem Abstand von wenigen hunderttausend Kilometern passiert – das ist nah, aber zum Glück weit genug weg. Und der Asteroid, der im Februar 2013 über der russischen Stadt Tscheljabinsk explodierte, sollte als Warnung verstanden werden. Damals wurden zahlreiche Gebäude beschädigt, viele Fenster barsten – und 1500 Menschen wurden verletzt.

Kleinere Steine prasseln hingegen laufend auf die Erde und verglühen rasch in den oberen Schichten der Atmosphäre. Bekannt sind zum Beispiel die Perseiden, ein Regen von Sternschnuppen, der um den 12. August herum zu sehen ist. Es handelt sich dabei um Partikel aus dem Schweif des Kometen Swift-Tuttle, der erst im Jahr 2126 wiederkehren wird. Die Erde kreuzt jedes Jahr seine Bahn und fängt dabei einige übrig gebliebene Teilchen ein. Um Sternschnuppen zu sehen, nimmt man sich am besten in einer lauen Sommernacht Zeit. Die Augen brauchen eine Weile, um sich an die Dunkelheit zu gewöhnen. Auf einer Liege im Garten oder im Park hat man den Himmel aber gut im Blick – und muss bloß aufpassen, dass man nicht einschläft.

Soweit man weiß, war es auch ein Einschlag, der die Evolution der Säugetiere beförderte. Als vor 66 Millionen Jahren ein zehn Kilometer großer Brocken in der Karibik einschlug und einen 180 Kilometer breiten Krater schuf, leitete diese Katastrophe das Ende der Dinosaurier ein. Überall gingen glühende Steine nieder, Vulkane brachen aus, und die Atmosphäre verdunkelte sich für mehrere Jahre. Die Hälfte aller Tierarten starb damals aus. Die Vögel – heute die nächsten Verwandten der Dinosaurier – überlebten jedoch ebenso wie einige kleine Nager, aus denen sich die Säugetiere entwickelten. Ob die Säugetiere ohne diese Hilfe von oben unter den Dinosauriern wohl eine Chance gehabt hätten?

Suche nach einer zweiten Erde

In diesem Buch habe ich mehr von robotischen Sonden erzählt als von bemannten Missionen. Das liegt daran, dass es in den vergangenen Jahren wenig Spannendes zu berichten gab. China entwickelt sein Raumfahrtprogramm Schritt für Schritt, und auf der Internationalen Raumstation ISS geht das Leben seinen routinierten Gang. Der deutsche Astronaut Alexander Gerst, der in seinen Vorträgen Tausende Menschen anzieht und in den sozialen Medien viele Fans hat, soll 2018 zu seiner zweiten Mission starten – sogar als Kommandant.

In seiner ersten Mission setzte er zum Beispiel ein Gerät in Gang, das Legierungen schmelzen und wieder erstarren lässt. In der Schwerelosigkeit sollen neuartige metallische Werkstoffe untersucht werden, ohne dass die Schwerkraft oder der Kontakt zur Wand eines Gefäßes die Prozesse beeinflusst. In seinem Blog berichtete Gerst, dass er einen verklemmten Bolzen absägen und die Sägespäne mit Rasierschaum einfangen musste, um das Gerät installieren zu können. Bei einer unbemannten Mission wäre das Experiment also gleich zu Beginn gescheitert.

Auf der Raumstation ISS werden auch die Astronauten selbst untersucht – als Vorbereitung für einen Flug zum Mars. Eine solche Mission, die nach den aktuellen Ankündigungen für die 2030er Jahre vorgesehen ist, würde zwei Jahre dauern –

also deutlich länger als ein fünf- oder sechsmonatiger Aufenthalt auf der ISS.

Wie hält man aber die Astronauten auf dem Flug körperlich und geistig fit? Und wie steht es mit den gesundheitlichen Gefahren durch Sonnenwind? Um diese Frage zu beantworten, braucht die Forschung noch weitere Daten. In Teilen rechtfertigt sich die bemannte Forschung im All also durch sich selbst.

Aber warum überhaupt zum Mars fliegen? Die Explosionen der Spaceshuttle Challenger 1986 und Columbia im Jahr 2003 sind vielen noch in Erinnerung. Aber gerade das Risiko zieht Menschen in den Bann. Ich glaube daher, dass wir um einen Flug zum Mars nicht herumkommen werden. Er wird teuer, und es ist nach meinem Eindruck offen, ob und wie das Geld zusammenkommt. Vielleicht wird aus dem Projekt aber auch eine internationale Kooperation, ein Vorbild für andere Bereiche des (Zusammen-)Lebens.

Schon bevor es so weit ist, dürften jedoch andere Funde für Diskussionen sorgen. Seit 1995 der erste Planet entdeckt wurde, der um einen fremden Stern kreist, haben Astronomen mehr als 3000 solcher Exoplaneten nachgewiesen – viele davon mit dem Weltraumteleskop Kepler. Dass auch andere Sternsysteme Planeten beherbergen, war zwar zu erwarten, aber nun ist die Spannung groß. Denn dass man irgendwann auf eine zweite Erde stoßen könnte, liegt nahe. Die Österreicherin Lisa Kaltenegger, die sich mit der Erforschung von Exoplaneten einen Namen gemacht hat, rät dazu, sich auf Überraschungen gefasst zu machen. Selbst die bewohnbaren oder bewohnten Exoplaneten können ganz anders sein, als wir es erwarten. Sie nennt die Erde als Beispiel: Es vergingen vier Milliarden Jahre, bis die Landmassen von den Tieren erobert wurden. Hätten wir Fotos aus der Zeit davor, würden wir die Erde nicht wiedererkennen, sagt Kaltenegger.

Exoplaneten sind schwer zu finden, weil sie – aus der Entfernung von mehreren Lichtjahren betrachtet – sehr dicht an ihrem Stern sind und von ihm überstrahlt werden. Astronomen wissen sich jedoch zu helfen: Sie erkennen die Planeten zum Beispiel daran, dass diese regelmäßig vor ihrem Stern vorbeiziehen und dessen Leuchtkraft vorübergehend um ein Prozent senken. Sie beobachten also eine partielle Sternfinsternis. Diese Erkennungsmethode funktioniert aber nur bei Sternsystemen, die in der richtigen Lage zu uns stehen: Wenn wir von oben oder unten auf ein Sternsystem schauen, wird der Planet naturgemäß nie zwischen uns und seinen Stern treten. Der Nachweis eines Exoplaneten kann aber auch dadurch gelingen, dass man das Hin- und Herwackeln des Sterns registriert, denn auch Planeten ziehen ihren Stern ein wenig an – mal in die eine Richtung, und nach einer halben Umrundung in die andere. Würde die Erde allein um die Sonne kreisen, würde sie die Sonne im Laufe eines halben Jahres um einige hundert Kilometer bewegen. Der Effekt ist also sehr klein – und bisher nur dann zu beobachten, wenn ein großer Exoplanet seinen Stern auf einer sehr engen Bahn umkreist.

Doch die Messungen werden von Jahr zu Jahr genauer. Neue Weltraumteleskope – allen voran das große James-Webb-Teleskop, der Nachfolger von Hubble, der 2018 starten soll – werden den Nachweis der Existenz noch kleinerer Planeten ermöglichen. Die Frage ist dann, ob die Exoplaneten in der bewohnbaren Zone liegen. Damit ist der Bereich um einen Stern gemeint, in dem die Temperaturen auf einer Planetenoberfläche zwischen 0 und 100 Grad Celsius liegen. Bei schwachen Sternen liegt diese Zone näher am Zentralgestirn als bei leuchtkräftigen, wo es zu heiß wird, wenn man nicht genügend Abstand hält. Bei Durchschnittstemperaturen zwischen 0 und 100 wäre Wasser zumindest an einigen Stellen des Planeten flüssig – und damit wäre eine wichtige Voraussetzung für die Entstehung von Leben, wie wir es kennen, erfüllt. Natürlich bedeutet die Möglichkeit von Wasser noch nicht, dass tatsächlich Leben entsteht, aber es wäre immerhin ein Anfang. Im Prinzip liegen auch die Venus und der Mars in der bewohnbaren Zone des Sonnensystems. Doch der extreme Treibhauseffekt der Venus macht dort Leben unmöglich, und der Mars kühlte, weil er so klein ist, schon bald nach seiner Entstehung aus. Damit brach das Magnetfeld zusammen, so dass der Sonnenwind nach und nach die Atmosphäre mit sich mitreißen konnte. Sie ist heute am Marsboden so dünn wie auf der Erde in 80 Kilometer Höhe.

Wenn Astronomen also verkünden, neue Planeten von der Größe der Erde gefunden zu haben, die ihren Stern in der bewohnbaren Zone umkreisen, dann muss das noch gar nichts heißen. Schauen wir uns als Beispiel einen solchen Planeten beim nächstgelegenen Stern Proxima Centauri an: Er umkreist den leuchtschwachen Stern in großer Nähe und benötigt nur elf Tage für eine Umrundung. Vermutlich wendet er dem Stern immer dieselbe Seite zu, auf der es dann lebensfeindlich heiß sein dürfte. Aber dass er nur vier Lichtjahre entfernt ist, spornt die Phantasie an: Ihn könnten wir vielleicht besuchen; für eine Nahaufnahme würde ich viel geben. Bis es so weit ist, können wir versuchen, mit neuen, empfindlicheren Teleskopen die Atmosphäre zu analysieren: Spuren von Sauerstoff, Kohlendioxid und Methan würden einen Planeten zu einem heißen Kandidaten für außerirdisches Leben machen. Und irgendwann, wenn man sich sicher genug wäre, dass sich auf diesem Planeten komplexes Leben entwickeln könnte, würde die Frage aufkommen, ob man Kontakt mit den Bewohnern aufnehmen möchte – trotz der gewaltigen Entfernung. Einige Versuche dieser Art gibt es schon: Wir haben Funksignale ins All geschickt, und einige Raumsonden wie Pioneer 11 und die beiden Voyager-Sonden tragen Informationen über die Erde und die Menschen mit sich.

Der Physiker Stephen Hawking ist aber nicht der Einzige, der warnt, dass wir nicht wissen, ob uns die Aliens wohlgesinnt sind. Ebenso ist es möglich, dass man sich gar nicht verständigen kann. Science-Fiction-Autoren führen vor, wie fremd uns andere Kulturen sein können. Stanisław Lem präsentiert in seinem Roman *Eden* zum Beispiel eine technisch fortgeschrittene Zivilisation, die den irdischen Raumfahrern erst nach und nach ihren Schrecken offenbart: Einer der Außerirdischen gibt sich über eine Sternenkarte als Astronom zu erkennen und berichtet mit einem begrenzten Vokabular, auf das sich beide Seiten verständigt haben, von einer Diktatur, in der niemand den Diktator kennt oder kennen darf. Und Arthur C. Clarke lässt in seinem Roman *2010* eine rätselhafte Intelligenz den Jupiter zu einer zweiten Sonne werden, die den Jupiter-Mond Europa erwärmt. Dort wird unter einem kilometerdicken Eispanzer ein Ozean aus Wasser vermutet. In Clarkes Roman erhalten die Menschen diese Botschaft: »Alle diese Welten sind euer – außer Europa. Versucht nicht, dort zu landen.«

Derzeit steht eine Landung auch nicht auf dem Programm der Raumfahrtagenturen. Die europäische ESA plant eine Mission zu den Jupitermonden, die 2022 starten und 2030 ankommen könnte. Sie soll im Vorbeiflug die Monde Europa, Ganymed und Kallisto untersuchen, die Galileo Galilei 1610 mit dem Fernrohr entdeckt hatte. Und selbst wenn dort ein-mal eine Sonde landen sollte, ist eine wissenschaftliche Sen-sation nicht garantiert. Vielleicht gehen alle Versuche, Leben zu finden, ins Leere. Dann wäre die Wissenschaft um eine Erkenntnis reicher: Dann würde deutlich, dass Leben komple-xer und seltener ist, als viele Forscher heute vermuten. Doch die Suche geht weiter – angetrieben durch eine nagende Frage: was, wenn es doch Leben in unserer kosmischen Nachbar-schaft geben sollte? Wollen wir das verpassen?

Lektüretipps

Wie der Pazifist Albert Einstein in Kriegszeiten die Allgemeine Relativitätstheorie entdeckte:
Thomas de Padova: Allein gegen die Schwerkraft. Einstein 1914–1918. München 2015.

Leicht verständliche Einführung in die Astrophysik von einer Spezialistin für Exoplaneten:
Lisa Kaltenegger: Sind wir allein im Universum? Meine Spurensuche im All. Wals bei Salzburg 2015.

Kurzweilige Autobiografie – wissenschaftlich wie privat – des bekannten Kosmologen:
Stephen Hawking: Meine kurze Geschichte. Reinbek bei Hamburg 2013.

Anspruchsvolle Einführung in Gravitationswellen und andere Phänomene des Alls:
Rüdiger Vaas: Jenseits von Einsteins Universum. Stuttgart 2015.

Der einfachste Weg, sich über Astronomie zu informieren, besteht darin, in ein Planetarium zu gehen. Dort bekommen nicht nur Hobbyastronomen den Sternenhimmel erklärt. Auf dem Programm stehen auch aufwendige Dokumentationen über das Sonnensystem, die Milchstraße und den Urknall mit schönen Spezialeffekten. Die Sternwarten bieten darüber hinaus regelmäßig Vorträge an und laden bei besonderen astronomischen Ereignissen dazu ein, ihre Teleskope zu benutzen.

Für Smartphones und Tablets gibt es eine Fülle von Apps. Sie erläutern astronomische Begriffe, zeigen hübsche Fotos aus dem Weltraum oder informieren über die Entdeckung neuer Exoplaneten. Besonders interessant sind jene, die den Nachthimmel erklären, weil das Handy über GPS und die Lagesensoren weiß, auf welche Sterne es schaut. Einige der bekannteren Apps, mit denen man sich am Himmel orientieren kann, heißen Redshift, Starmap HD, Stellarium, SkEye und Sky Map. Manche kosten nichts, andere ein paar Euro.

Schon einige Jahre länger gibt es Online-Portale wie calsky.org, mit denen man die Auf- und Untergänge des Mondes, Sonnenfinsternisse und das Zusammentreffen von Planeten am Himmel für jeden Standort auf der Erde vorausberechnen kann. In der Rubrik »Satelliten« kann man sich anzeigen lassen, wann die Internationale Raumstation ISS zu sehen ist: Die ISS umrundet die Erde alle 90 Minuten. Sie ist immer wieder für einige Minuten als heller und schneller Punkt am Himmel zu sehen. Von der NASA gibt es dazu auch die App »Spot The Station«.

Zu den schönsten Schauspielen am Himmel gehören die Sternschnuppen. Um sie zu beobachten, lehnt man sich zurück und lässt den Augen Zeit, um sich an die Dunkelheit zu gewöhnen. Mehrmals im Jahr gibt es besonders viele Sternschnuppen zu sehen, manchmal sogar eine pro Minute: Die Perseiden erscheinen zum Beispiel im August, die Leoniden im November und die Geminiden im Dezember.

 mafia

 karl marx

 loriot

 star wars

 asterix

 gehirn

Die drei ???®

stephen king

reclam.
100 seiten

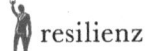 resilienz

 antike

 reinhard mey

 susan sontag

 feminismus

 biodiversität

depression